我的动物朋友

徐帮学⊙编著

草原猛士的

旅程

体验自然，探索世界，关爱生命——我们要与那些野生的动物交流，用我们的语言、行动、爱心去关怀理解并尊重它们。

延边大学出版社

图书在版编目（CIP）数据

草原猛士的旅程 / 徐帮学编著 . —延吉：延边大
学出版社，2013 . 4（2021 . 8 重印）
（我的动物朋友）
ISBN 978-7-5634-5546-1

Ⅰ . ①草… Ⅱ . ①徐… Ⅲ . ①草原—动物—青年读物
②草原—动物—少年读物 Ⅳ . ① Q95-49

中国版本图书馆 CIP 数据核字 (2013) 第 087027 号

草原猛士的旅程
编著：徐帮学
责任编辑：孙淑芹
封面设计：映像视觉
出版发行：延边大学出版社
社址：吉林省延吉市公园路 977 号 邮编：133002
电话：0433-2732435 传真：0433-2732434
网址：http://www.ydcbs.com
印刷：三河市祥达印刷包装有限公司
开本：16K 165×230
印张：12 印张
字数：120 千字
版次：2013 年 4 月第 1 版
印次：2021 年 8 月第 3 次印刷
书号：ISBN 978-7-5634-5546-1
定价：36.00 元

前　言

人类生活的蓝色家园是生机盎然、充满活力的。在地球上，除了最高级的灵长类——人类以外，还有许许多多的动物伙伴。它们当中有的庞大、有的弱小，有的凶猛、有的友善，有的奔跑如飞、有的缓慢蠕动，有的展翅翱翔、有的自由游弋……它们的足迹遍布地球上所有的大陆和海洋。和人类一样，它们面对着适者生存的残酷，也享受着七彩生活的美好，它们都在以自己独特的方式演绎着生命的传奇。

在动物界，人们经常用"朝生暮死"的蜉蝣来比喻生命的短暂与易逝。因此，野生动物从不"迷惘"，也不会"抱怨"，只会按照自然的安排去走完自己的生命历程，它们的终极目标只有一个——使自己的基因更好地传承下去。在这一目标的推动下，动物们充分利用了自己的"天赋异禀"，并逐步进化成了异彩纷呈的生命特质。由此，我们才能看到那令人叹为观止的各种"武器"、本领、习性、繁殖策略等。

例如，为了保住性命，很多种蜥蜴不惜"丢车保帅"，进化出了断尾逃生的绝技；杜鹃既不孵卵也不育雏，而采用"偷梁换柱"之计，将卵产在画眉、莺等的巢中，让这些无辜的鸟儿白费心血养育异类；有一种鱼叫七鳃鳗，长大后便用尖利的牙齿和强有力的吸盘吸附在其他大鱼身上，靠摄取寄主的血液完成从变形到产卵的全过程；非洲和中南美洲的行军蚁能结成多达1000万只的庞大群体，靠集体的力量横扫一切……由此说来，所谓的狼的"阴险"、毒蛇的恐怖、鲨鱼的"凶残"，乃至老鼠令人头疼的高繁殖率、蚊子令人讨厌的吸血性等，都只是自然赋予它们的一种独特适应性而已，都是它们的生存之道。人是智慧而强有力的动物，但也只是自然界的一份子，我们应该用平等的眼光去看待自然界中的一切生灵，而不应时刻把自己当成所谓的万物的主宰。

人和动物天生就是好朋友，人类对其他生命形式的亲近感是一种与生俱来的天性，只不过许多人的这种亲近感被现实生活逐渐磨蚀或掩盖掉了。但也有越来越多的人，在现实生活的压力和纷扰下，渐渐觉得从动物身上更能寻求到心灵的慰藉乃至生命的意义。狗的忠诚、猫的温顺会令他们快乐并身心放松；而野生动物身上所散发出的野性特质及不可思议的本能，则令他们着迷甚至肃然起敬。

衷心希望本书的出版能让越来越多的人更了解动物，更尊重生命，继而去充分体味人与自然和谐相处的奇妙感受。并唤起读者保护动物的意识，积极地与危害野生动物的行为作斗争，保护人类和野生动物赖以生存的地球，为野生动物保留一个自由自在的家园。

编　者

2012.9

草原猛士的旅程

目 录

第三章　草原肉食和杂食哺乳动物

第四章 草原上的鸟类家族

第五章 草原上的两栖爬行动物和昆虫

第一章

走进大草原

　　广袤无垠的草原上，气候类型多样，植物种类丰富，植被类型复杂。在如此辽阔的草原上，还生活着许多可爱的野生动物。但是由于人类对草原不合理地开发利用，导致草原生态环境恶化，影响了草原的可持续发展，危及人类与动物的生存环境。如何保护草原、保护地球生态环境，成为人类面对的课题。

草原简介

一、什么是草原？

草地是指主要用于牧业生产的地区，或者是自然界各类草原、草甸、稀树干草原等。草地大部分由多年生草本尤其是禾草组成，有天然草地和人工草地两种，包括草原、草甸、人工饲草地及草坪等。按照植被分布的地带性特点，可把草地分为森林草原、草原、荒漠草原三种。能够为家畜提供饲草的地段就是草场。按照人类干预程度，可把草场分为天然草场、人工草场、半人工草场三种。

地理学认为，草原是由多年生旱生草本植物为主所组成的地带性植被。

地带性植被是指取决于当地的气候和地质历史，并在地球上占有一定的自然地带的植被。草原是干旱区所特有的一种植被类型。

二、草原的生长环境

草原的出现与各式各样的气候和地质环境有关，也与许多不同的土壤类型有关。草原生态系统本身影响着土壤形成，这又导致草原土壤不同于其他土壤。

草原气候各不相同，但所有大型草原区通常是炎热（至少在夏季）而干燥的，但也不像沙漠那么干热。一般情况下，热带草原每年降雨很少，每季气温约为15~35℃。干旱季节可持续8个月，只有湿季期间才会出现降雨多于蒸发的情况，导致河川流动比较短暂。

通常情况下，温带草原比热带草原干燥一些，也比较冷，至少在一年当中的大部分时间里是这样的。热带草原季节性温度变化可能很小，但温带草原的温度变化很大。

三、草原的气候及特征

草原气候属于沙漠气候和湿润气候之间的过渡性气候。它的特征以夏季不间断降雨为主，降水量偏少，气候干燥，高大的树木不能生长。冬季寒冷、漫长，夏季短，气温不高，但全年日照时间较长，热量条件较好，适宜牧草生长。

草原全年降水量分配不均匀，在冬季和春季常常干旱，不利于春天播种和牧草的萌芽、生长。在夏季，雨量集中，日照充分，可同时满足植物生长所必需的水分和热量条件，因此，草原的黄金季节是盛夏七八月份，水丰草美，牛羊遍地，庄稼茂盛。在阵阵微风的吹拂下，广阔的大草原犹如大海的波涛，景色十分迷人。

在冬季，低温、大风席卷草原，常常导致风雪灾害，严重影响牲畜安全过冬。

四、草原资源

草原资源是草原、草山及其他一切草类资源的总称，分为野生草类和人工种植的草类，是一种生物资源，它的实体是草本植物。草原资源具有以下

几个基本特点：

一、资源分布广泛。草本植物具有很强的抗逆性和适应性，分布非常广泛。

二、资源结构具有整体特点。草原植物是在气候、土壤等自然条件下形成的，与环境因素形成一个和谐的整体。

三、资源类型的地域性。地球上有多种多样的草地生态环境，每个地区的草原有不同的特点，因此各地的草原资源也不同。

四、资源演变具有不可逆性。环境因素影响草原资源的演变，但草原资源的演变也改变着环境因素，两者相互影响、相互促进，从而形成了草原资源演变过程的不可逆性。

五、资源量的有限性和生产能力的无限性。草原的数量是一定的，因此草原资源及草原资源的利用是有限的，但随着科学技术的不断进步，草原资源的质与量可不断地提高，具有无限性。

对于人类来说，草原资源具有生产功能、防护功能和环境功能，它是动物饲养业赖以生存的物质基础，是食草动物的主要食物来源，具有调节气候、防风固沙、涵养水源、净化空气等功能。

草原植被类型

一、温带草原

温带草原分布在温带，是一种地带性植被类型，主要以耐寒的旱生多年生草本植物为主（有时旱生小半灌木）组成的植物群落。温带草原地区降雨多集中在夏秋两季，降雨量较少，而且冬季非常寒冷，很少下雪，具有明显的大陆性气候。丛生禾本科如针茅属、羊茅属等为这里的主要植物。此外，还有相当比重的莎草科、豆科、菊科、藜科植物等。

温带草原在世界上分布有欧亚草原区和北美草原区两大区域。中国草原属欧亚草原的一部分，水热条件大体保持着温带半干旱到温带半湿润的指标，积温为1600~3200℃，年均气温为–3~9℃，年降水量在350毫米以下，雨水多集中在夏季，雨量少，冬季严寒而时间长，季相更替明显，土壤为黑钙土或栗钙土。我国温带草原的面积很大，主要分布在松辽平原、内蒙古高原和黄土高原。

二、泛滥草原

泛滥草原又称河漫滩草地，指湖泊四周、河道两岸滩地、山麓河道谷地，由于长期洪水泛滥，洪水携带的泥沙淤积下来，或河水溢出河床，河水中的泥沙沉积下来，而形成大面积的或狭长的平坦草地。沿海由于海水经常回流泛滥，海水中的泥沙不断淤积，也会形成大面积滩涂草地。

泛滥草地主要分布在河流下游低地、湖泊周围以及沿海滩地。河湖滩地

的土壤为淤积草甸土、湖土，海滩地为盐碱土，土层深厚，比较肥沃。植被主要是水生、湿生植物，有芦苇、莎草科植物、菱草、水蓼、长芒稗、双穗雀稗、鸭跖草、獐茅、碱蓬、大穗结缕草、盐蒿、大米草等。产草量高的草地是禾草地，草质优良，适口性好，适合放牧或割草；以杂类草盐蒿占优势的草地，通常草质差，使用价值较小。

三、荒漠草原

荒漠草原是草原向荒漠过渡的一类草原，是草原植被中最干旱的一类草原。

在干旱条件下发育形成的真旱生的多年生草本植物占据优势，旱生小半灌木起明显作用的植被性草地称为荒漠草原或漠境草原，它的生长环境及植物类型具有从草原向荒漠过渡的特征。

内蒙古的京二线以西地区，如西苏旗等地是中国主要的荒漠草原，年降水量一般只有200毫米左右，生产力低，平均每亩约455千克。不过，在这些地区有许多特殊的很有价值的植物，比如发菜。发菜的形状与头发很相似，故而得名，它是一种低等植物。发菜的蛋白质含量较高，另外，发菜与"发财"谐音，因而受到人们的喜爱。收取发菜常常对草场造成严重破坏，因此，在中国，政府明令禁止搂取发菜，并在2000年颁发了取缔发菜市场的有关规定。

荒漠草原地区生态环境非常严酷，植物高23~30厘米，覆盖率仅为30~40%，每平方千米产干草只有200~300千克，产草量低，适合放牧羊、马等。

四、高山草原

高山草原四周的山上都是草，基本上没有高大的树木。由于气温的影响，在海拔低的地方，树木都比较高大，而海拔高的地方，树木都比较矮小。

海拔在4000米以上，以高寒、干燥、强风条件下发育而成的寒旱生的多年丛生禾草为主的植被型草地称为高山草原（高寒草原）。青藏高原北部、东北地区、四川西北部以及昆仑山、天山、祁连山上部为主要分布区，生长有混生垫状植物、匍匐状植物和高寒灌丛，如地梅、蚤缀、虎耳草、矮桧等植物。植物分布较均匀，层次不明显。草层高15~20厘米，覆盖率为30~50%，产草量低。适宜做夏季牧场，放牧牛、羊、马等家畜。

五、干草原

在半干旱气候条件下，以旱生的多年生草本植物为优势植物的草原称为干草原。干草原属于典型的草原类型，主要分布在草甸草原的干燥地区，草层堵塞隔绝程度较差，物种成分单一，常常混生有旱生灌木。

干草原是草甸草原向荒漠草原过渡的一种类型，面积广大。它的年降水量为250~400毫米，并且多集中在夏季，气候干旱，热量充足，有较严重的春旱，影响牧草的发育。暗栗钙土、栗钙土和淡栗钙土是它的主要土壤，腐殖质层深达35厘米，具有较高的自然肥力。

即使在阴坡，干草原也只能生长一些灌木，没有自然成林现象。另外，干草原地区每年春季常刮旱风，旱风过处，草木焦枯。这是在生态方面干草原与草甸草原的最大区别。

干草原水分条件较差，如果没有灌溉，多数人工栽培牧草不能良好生长。

这种草原改良起来要比前两种类型困难，特别是大面积开垦，很容易引起草原的沙化。

根据植物组成情况，干草原可以划分为丛生禾草、根茎性禾草和杂类草干草原三类。

六、山地草原

山地草原指山岳地带的含有落叶阔叶林的草原群落，也包括低的丘陵地带的草原。主要分布在新疆阿尔泰山、塔尔巴哈台山、乌尔卡沙尔山、沙乌尔山等山地，与哈萨克斯坦的草原连为一体，成为欧亚大陆草原重要的组成部分。

山地草原的山前平原及低山区的年降水量约为120~200毫米，海拔越高，降水量越大，1500~2000米的中山地带的降水量一般在500毫米以上。各季节的降水量相对均匀。

沙生针茅广泛分布是此类草原的重要特点，另外还有沟叶羊茅、小蒿等。

七、草甸草原

草甸草原是草原中最喜湿润的草原类型，主要植被类型为杂草类，其次为根茎禾草与丛生苔草，最后为典型旱中生丛生禾草。

土壤主要为黑钙土，主要植物有贝加尔针茅、大针茅、羊草等。草甸草原是温带草原中产量最高的一种类型，每平方千米可产干草160~240千克，草丛高度为40~80厘米，覆盖率为80~90%，是发展牛、马等家畜较好的畜牧业基地。

这类草原自然条件较好，被开垦为农田，种植春小麦、油菜等。由于被大量开垦，草甸草原保存面积逐渐缩小，草原不可避免地发生严重退化现象。

八、常绿草原

常绿草原一般生长在森林的高纬度地方及高山森林地方。

常绿草原的植物比较柔软，处于软润状态，如禾本科草原植物，其形态特征就没有丝毫刚性。入冬后，大部分叶片都枯死，但是幼小叶片依然存在，一旦温度条件适宜，幼小叶片便迅速伸展出来。

九、盐土草原

盐土草原是指在大陆性气候条件下生长的盐生植物形成的草原。在盐土草原上，多分布有碱蓬、鞑靼滨藜等类植物。主要分布在匈牙利、俄罗斯东南部、东北亚、北美、阿根廷等地。在干燥而盐类聚集特别显著的地方则形成盐质荒漠。

草原生态系统

一、什么是草原生态系统？

草原生态系统是草原地区生物（植物、动物、微生物）和非生物环境构成的，进行物质循环与能量交换的基本生态单位。草原生态系统不论是在结构还是功能等方面，与森林生态系统、农田生态系统都是不同的，是重要的畜牧业生产基和生态屏障。

草原生态系统年降水量很少，分布在干旱地区。与森林生态系统相比，草原生态系统的动植物种类要少得多，群落的结构也不如前者复杂，不同季节或年份的降水量不同，种群和群落的结构常常发生剧烈变化。

草本植物为草原生态系统的主要初级生产者，这些草本植物的构造大多都适应干旱气候，如叶片缩小，有蜡层和毛层，借以减少蒸腾，防止水分过度损耗。草原生态系统空间垂直结构通常分为三层，分别是草本层、地面层和根层，各层没有形成森林生态系统中那样复杂多样的小生境，结构比较简单。

适宜奔跑的大型草食动物是草原生态系统的主要消费者，如野驴和黄羊，小型动物如草兔、蝗虫的数量很多。另外，草原还有许多田鼠、黄鼠、旱獭、鼠兔和鼢鼠等营洞穴生活的啮齿类动物。肉食动物有沙狐、鼬和狼。肉食性的鸟类有鹰、隼和鹞等，其他鸟类主要是云雀、百灵、毛腿沙鸡和地鹊。

草原是畜牧业的重要生产基地。在我国广阔的草原上，饲养着新疆细毛羊、伊犁马、三河马、滩羊和库车高皮羊等大量的家畜，为人们提供了大量的肉、奶和毛皮。此外，草原还有调节气候、防止土地风沙侵蚀的作用。

二、草原生态环境持续恶化的原因

就人类的干扰作用而言，草原生态环境恶化、生态平衡遭破坏的原因很多，主要表现在以下几个方面：

1.人类掠夺性的开采。人口的增加和经济活动的增强给草原生态系统造成了很大的压力，尤其是对草原资源的掠夺式开采，使一些草场遭到严重破坏。例如，内蒙古自治区苏尼特右旗的草原上生长着大量的发菜、蘑菇和药材，每年的采收季节一旦来到，成千上万的人拥进草原，大量地挖掘这些植物，导致该地区20％的草场遭到破坏。

2.超载放牧。是指牲畜放牧量超过了草原生态系统生物生产的承受能力。这种超载放牧所导致的草原退化是个缓慢的过程。单位面积上牲畜越多，可食性牧草被吃掉的就越多，维持牧草再生的草子就逐渐匮乏，牧草产量下降，草原毒草和杂草增多。如果不及时控制这种局面，将造成恶性循环，即单位面积上可食牧草减少，但牲畜量不断增加，因此牲畜不得不扩大觅食的范围和次数，由此加重了对草场土壤结构的物理性破坏，反过来，遭到破坏的土壤又限制了牧草的生长。目前，由于过度放牧，内蒙古自治区大部分地区的土地开始沙化，当地已经采取禁牧措施。

3.不适宜的农垦。在人类发展过程中，不论古今和国内外，增加农田耕种面积的主要途径之一，一直是开垦草原，使许多草原变成了"大粮仓"。但是有很多开垦常常造成既达不到粮食增产的目的，而又使草原原有植被遭到破坏的局面。这是因为草原处于气候条件比较严酷、生态平衡脆弱的干旱与寒冷地区，盲目地开垦以及开垦后的管理不当，容易导致恶劣后果。在20世纪50年代，我国的青海省曾在草原区农垦近4000平方千米，但到1996年就弃耕2100平方千米，其中有些土地开垦后根本就不能耕种，既破坏了草原植被，又浪费了大量人力、物力。

三、草原退化的标志

草原退化的标志主要有以下几点：

1.产草量下降。目前，和20世纪五六十年代相比，全国各类草原的牧草产量普遍下降30~50%。

2.牧草质量下降，可食性牧草减少，毒草和杂草增加，导致牧场的使用价值降低。在青海果洛地区，杂、毒草从占全部草量的19~31%增加到30~50%，优质牧草则由33~51%下降到4~19%。

3.气候恶化。草原退化，植被疏落，导致许多地方的大风次数和沙暴次数逐渐增加。反过来，气候的恶化又促进了草原的退化和沙化过程。中国是世界上沙漠化受害最重的国家之一。

四、如何恢复和保护草原生态系统？

1.建立牧业生产新体系。建立新的农业生产结构体系，大力发展草业和畜牧业，这也是弥补这些地区耕地少和减轻农田压力的有效措施。

2.实行科学管理。改进某些落后的经营方针，实行以草定畜、适度放牧、推行季节牧业以减轻草场压力，给牧草提供休养生息的时机，采取可使草原植被得以恢复和发展的各种有效措施。

3.发展人工草场。实行分区轮放、建立围栏、合理利用草场等措施。

世界著名草原

一、鄂尔多斯大草原

提到鄂尔多斯大草原，其独特的自然风光自然是最吸引人的。这片草原中并存着大面积的草原和沙漠，大小不等的湖泊也有上千个之多。蒙古包零星散落，天空被映衬得更为纯净明亮，辽阔壮丽的草地上到处都是清新的空气，成群的牛羊在天边漫步。所有的这一切都使久居都市的人们感到既遥远又亲切。鄂尔多斯大草原犹如这片广阔而神奇的土地上镶嵌的一颗夺目的明珠！

位于鄂尔多斯市杭锦旗境内的鄂尔多斯草原旅游区，与杭锦旗人民政府驻地锡尼镇相距9公里。向东70公里是世珍日旅游区，向北80公里是夜鸣沙旅游区，这几处旅游区共同组成了一条黄金旅游路线。这一带的周围有银川市、包头市、临河市、乌海市、呼和浩特市、榆林市和鄂尔多斯市等众多的城市，可以直接辐射30平方千米的范围。由一个蒙古大营和100多个蒙古包组成的蒙古包群构成核心区，这种独特的设计别具一格。这里划分为餐饮娱乐区、歌舞表演区、骑马射箭运动区、住宿休息区、洽谈会务区、庙宇、敖包祭祀区、体验蒙古民族风俗休闲区等不同功能的区域。鄂尔多斯草原旅游区有着上千人的日接待能力，可容纳300余人住宿。大自然赐予的美景和人性的管理以及周到的服务，使鄂尔多斯像骏马腾飞一样高速发展，美丽的鄂尔多斯大草原永远释放对远方游客的友好和热情。

二、贡格尔草原

贡格尔草原地处内蒙古自治区赤峰市克什克腾旗的西北和西南部，是一个旅游、观光的胜地。这里的自然风光、人文景观、民族风情都很有特色，还有历史悠久的名胜古迹，这些融汇成独特的草原文化，深受广大旅游爱好者和摄影爱好者喜爱。

"野阔牛羊同雁鹜"，这是贡格尔草原独有的美。这里有着丰美的水草、绮丽的风光和令人心旷神怡的景色。贡格尔草原上有繁多的野生动物和植物，生长在草原东北部的巴彦敖包红皮云杉林是世界上仅存的两处红皮云杉之一，被人们称为"神树"和"活化石"。因此，这里早在1981年就被列为自然保护区。草原上还有众多的河流、湖泊、沼泽，如查干突河和项格尔河等，这些河流仿佛是戴在草原上的晶莹项链。在每年春天将至之时，丛生的绿草中开满了各种各样的小野花，将这一片大草原点缀得妖娆异常。

贡格尔草原有着"自然花园"的美名，因为每年的6~10月，一望无际的草原上碧草连天，到处是五颜六色的鲜花，清澈的河水缓缓流淌，鸟儿在这里欢唱。在这个季节里来到贡格尔草原，在这如天上人间的花园中徜徉，尽情地享受这造化的神奇，会使人忘掉城市的喧嚣，远离生活中的烦恼，使身心得到升华。

贡格尔草原的四季有着不同的景色，春天的草原上是青青的绿草，在靠近水的地方长满了蒲莲和黄花，有大批的白天鹅、丹顶鹤和大雁等候鸟在这里集合。夏天的草原上百花绽放，这里会变成花的海洋。到秋风乍起的时候，天高气爽，朵朵清澈的白云好似透明。冬季，草原上一片银白，向远方眺望，会使人产生一种超凡脱俗的感觉。每一个季节都有与众不同的美景。

有大小20多个湖泊分布在贡格尔草原上，其中最大的是内蒙古境内第二大湖——达里诺尔湖。达里诺尔湖的面积约为238平方千米，湖水碧绿，湖面有水鸟轻盈地掠过，湖边则有欢快的牛群、马群和羊群在悠然自得地徜徉。达里诺尔国家级自然保护区便是以达里诺尔湖为中心的，该中心位于贡格尔草原西南部，是一个综合性自然保护区，主要功能是对珍稀鸟类和它们生存的湖泊、草原、湿地、林地等多样的生态系统进行保护。保护区里的景观格局是玄武岩盆地–湖积平原–湖盆沙地–风成沙地由北向南排列而成的。

三、巩乃斯草原

巩乃斯草原是伊犁多类型草场的典型分布区，主要指的是被巩乃斯河系

贯通的河谷山地草原。巩乃斯草原是新疆著名的草原，主要分布在新源县辖区内，海拔在800~2084米之间。这片草原的地域十分辽阔，沟谷数量很多。在蒙古语中，"巩乃斯"是"太阳坡"的意思。巩乃斯草原大多位于新源县境内，在这一个县里的面积就达到了7332.6平方千米。

巩乃斯草原不仅出产新疆细毛羊，还出产大量的伊犁天马。巩乃斯草原还有着发达的水系，每年的降水量很丰富，有复杂多样的草原类型，一年四季中水草资源都很充沛。其中，中山带的山地草甸和海拔较高的亚高山草甸的植物种类尤为繁多。

去巩乃斯草原最佳的季节在每年的6~9月，草原的夏天有着辽阔的天空和多彩的山岗，牛群、羊群以及点点毡房使这里充满了生活的气息。大草原仿佛变成了宽广的地毯，底是绿色的，镶着银色的边，绣着五彩花带。狐狸、野猪、旱獭、雪鸡等不时地在森林和草丛之中出没。每逢这个季节，都会有大量的国内外游客到此一游，来感受这片草原秀丽的风光和迷人的民族风情。其实，巩乃斯草原在每一个季节都有很美丽的景色，而以春天的景色最美。此时，大地如茵般碧绿，野花在绿草中争奇斗艳。

恰合普河河水飞泻而成的恰合普瀑布距新源县城西南3公里，是巩乃斯景点中最为重要的一处。阔克乔克山位于草原的北面，全国唯一的野生果树林就在此山的北麓，林中有马林（树莓）、塞威氏野苹果、野生欧洲李等野生果树。这片树木地跨新源、巩留两县，已被自治区列为野果种植资源保护区。

四、巴音布鲁克草原

在蒙古语中，"巴音布鲁克"是"泉源丰富"的意思。巴音布鲁克草原在我国是仅次于内蒙古鄂尔多斯草原的第二大草原，面积达2.2万平方千米，位于中天山南麓，海拔高度约为2500米。草原上地势平坦，有着丰盛的水草，具有禾草草甸草原的典型特征，每到夏季便成为天山南麓最肥美的牧场。巴音布鲁克草原的盛夏时节有一望无垠的绿野，层峦叠翠，广泛地分布着众多湖沼，遍野都是牛群、羊群悠然吃草的兴旺景象。

巴音布鲁克草原因地处天山山脉中部的山间盆地里，因此有雪山在四周将其环抱。这里作为新疆最重要的一处畜牧业基地，其水源补给主要由降雨和冰雪溶水混合提供，可以用地下水来补给的只是一部分地区。有大量的沼泽草地和湖泊分布在这里，这与巴音布鲁克的蒙古语含意是一致的。在遥远的2600年前，姑师人就在这一带活动了。在渥巴锡的率领下，土尔扈特、和硕特等蒙部于清乾隆三十六年（1771年）从俄国伏尔加河流域举义东归，清政府于是将巴音布鲁克草原和开都河流域作为他们的安置之地。现在，有汉、蒙、藏等9个民族生活在巴音布鲁克草原，这里拥有多彩的民族风情，尤其是每年举行一次的那达慕盛会，更是令大量的海内外游客不远万里，前来一睹其风采。

我国最大的野生天鹅种群的天鹅保护区也位于巴音布鲁克草原。当地的美食也很有民族风味，比如新疆的奶茶、烤全羊等。

五、那拉提草原

传说当年成吉思汗西征的时候，有一支从天山深处出发的蒙古军队向伊犁方向进发。那时候正是春天，但是山中却弥漫着风雪，这支军队被饥饿和寒冷折磨得疲乏不堪。但出乎他们意料的是，翻过山岭后，他们却看到了一片花草茂盛的草原，密布着泉眼，仿佛来到了另一个世界。这时天空残阳如

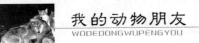

血，人们情不自禁地大叫道"那拉提，那拉提"，"那拉提"是"有太阳"的意思，于是这片草原就以此命名。

那拉提草原位于新源那拉提镇东部，属世界四大草原之一的亚高山草甸植物区，自古以来就是著名的牧场。其北部有218国道经过，与新源县城约有110公里的距离。那拉提草原在那拉提山的北坡，属山地草原，从第三纪古洪积层上发育而出，与那拉提高岭在东南方相接，西北方向沿巩乃斯河上游谷地断落。那拉提草原以亚高山草甸为主，由属糙苏、羽衣草群系的中生杂草与禾草构成，这些草茂盛且绚丽，还有婆婆纳、葱、金莲花、小米草、异燕麦、假水苏和龙胆等其他各种各样的植物。每年6月之后是那拉提草原的黄金季节，此时有大群的牲畜转到这里，草原人的各种集会大部分也在这一时期举办。

那拉提草原上生长着亚高山草甸植物，植株高达50~60厘米，有着75~90%的覆盖率。每到春天，这里的草就长得很高，花也开得热闹，景色异常美丽。那拉提草原每年的降水量在800毫米左右，这种气候对牧草的生长很有利，因此这里有着很高的载畜量，在历史上有着"鹿苑"的美称。

自古以来，那拉提草原就是非常有名的牧场，山峰、河谷、深峡和森林交相辉映，一起成就了草原的美。在草原的南侧是常年覆盖着皑皑白雪的雪峰，绿草和雪峰互相辉映，就像一幅美妙动人的画卷。撒落在一望无垠的草原上的雪白毡房犹如一粒粒珍珠。当地还有浓郁的哈萨克民俗风情，是很适合观光游览、避暑度假、购置纪念品、休闲娱乐和科学考察的旅游观光度假胜地。

六、坝上草原

"坝上地区"西起张家口市的张北县和尚义县，包括沽源县和丰宁县在内，东至承德市的围场县，是张家口以北100公里处到承德以北100公里处这一地区的统称。从旅游地域的角度讲，则主要有围场坝上、丰宁坝上、张北坝上和沽源坝上等几个地区。

在华北平原与内蒙古高原相交处，坝上的地势陡然升高，形状似阶梯，平均海拔在1500~2100米。

面积约有350平方千米的坝上草原属于内蒙古草原的一部分，最高处海拔约为2400米，滦河和潮河从这里发源。这里天高气爽，如茵的芳草与天相接，羊群就像天上的白云，骏马在这里尽情飞奔，坝缘有簇簇山峰耸立，潺潺的河水向远方流去。接坝区域是一片茂密的森林，有着漫山遍野的山珍野味。上坝后，立即有一种令人清新愉悦的消暑之感。向四面环顾，繁星般的野花点缀在茂密的绿草甸子上。

在明清以前，生活在坝上草原的人们喜欢歌舞、羌姆舞、摔跤、赛马、射箭等。后来，由于迁入了大量汉人，"二人台"开始在坝上流行。这种剧种是从晋北和河套地区传来的，至坝上后逐渐演变成了"东路"二人台，其特点是声音高亢、节奏明快。这种二人台在尚义、张北和沽源一带流行。

在草原佛教盛行时，还流传下来了一年一度的"庙会"。因为在举行大规模祭祀的时候通常会进行物资的交流，其中以马、牛、羊的买卖为主，所以即使在现代，牧畜交易大会仍然存在，即俗称的"庙会"。

坝上草原在历史上是游牧民族活动的地区。秦朝时这里属上谷郡管辖，西汉时属上谷北境，东汉和魏晋时被鲜卑人占领，辽、金、元、清各个时期则是帝王的避暑之处。历尽千年风雨的辽代萧太后的梳妆楼，至今依然在闪电河畔屹立；金代的景明宫、元代察汗淖儿的行宫、明代长城和古烽火台以及清代的胭脂马场、狩猎场等众多刻满沧桑的古迹留存至今。坝上草原在清代达到了它的鼎盛，从1681年到1820年，康熙、乾隆和嘉庆三位皇帝在这里的围场共举行了多达105次的"木兰秋狝"。

除了欣赏自然风光和参观历史遗迹外，客人们还可以观看和体验坝上草原的那达慕大会、敖包会、祭敖包、献哈达、敬鼻烟壶、酥油抹额、火神节等节日和礼俗。

七、那曲高寒草原

那曲高寒草原位于西藏自治区北部的那曲地区，向北和新疆维吾尔自治区以及青海省相临，向东与昌都地区相连，向南同拉萨、林芝、日喀则三地

市相接，向西则连接阿里地区。

　　"那曲"在藏语中是"黑河"的意思。整个地区被念青唐古拉山脉和冈底斯山脉所包围，达尔果雪山在西边，布吉雪山在东边，这两座雪山就像两头猛狮一样守护着这块宝地。这片土地的总面积有40多万平方千米，地势由西向东倾斜，呈西高、中平、东低状，有4500米以上的平均海拔高度。中西部有着辽阔平坦的地形，分布着许多丘陵盆地，还有星罗棋布的湖泊，其间纵横交错着多条河流。东部是河谷地带，高山峡谷较多，是西藏唯一的一片农作物产区，还有为数不多的灌木草场和森林资源，海拔高度在3500~4500米的范围内，气候与中西部相比也更好一些。

　　那曲地区在总体上属于亚寒带气候区，非常寒冷并且缺氧。常年干燥，大风天气也很多，年平均气温在-3.3~-0.9℃之间，年相对湿度为48~51%，年降水量在380毫米左右，一年中没有绝对无霜期。干旱的刮风期是每年的11月至次年的3月，每到此时，气候便十分干燥，温度比较低，风沙很大且缺氧，而这段时间又会延续几个月，直到5月才相对温暖。温暖的气候会一直持续到9月，对草原来说这一时期属于黄金季节。在这个时候，气候变得温和，没有大风，晴朗时阳光很好，这一期间的降雨量占全年的80%，全年生长期约为100天的绿色植物都集中在这个季节里，草原上是一片青绿的颜色，到处是人欢畜旺、欣欣向荣的景象。

青藏公路经过那曲县所在地的那曲镇，这里也因此成为西藏对外开放的旅游区之一，每年8月（藏历6月）会举办藏北草原的盛会——赛马节，届时会有到此旅游观光的游客、各地的商贩以及当地的牧民等在此处云集。在这里，旅游者能够对藏北草原的自然风光、民族风情和节日气氛有所了解，还可以到藏北名寺孝登寺参观游览。游客一定都会对那辽阔的羌塘草原和神秘的藏北无人区印象深刻。无人区一望无际，藏羚、野驴、野牦牛等多种国家一级保护动物在这里繁衍生息，使这片神奇的土地愈发充满迷人的色彩。此外，位于拉萨市的当雄与那曲地区的班戈县之间的纳木错，每年都要迎接众多前来转湖的游客和信徒。

八、若尔盖草原

在阿坝藏族羌族自治州的若尔盖、阿坝、红原、壤塘四县境内，有一片大草原，名为若尔盖草原。阿坝藏族羌族自治州北部，青藏高原东部的边缘，甘肃省的玛曲、碌曲、卓尼、迭部四县分别与之接壤。

四周群山环抱的若尔盖草原，其中部的地势低平，谷地则比较宽阔，分布着众多的湖泊，但向外排水并不方便。这里是寒冷湿润的气候，0℃上下是这里每天的平均气温，而年均降水量为500~600毫米，蒸发量与之相比要小些，因此地表总是过湿的状态，这种状态对沼泽的发育比较有利。这一区域内有一部分沼泽是湖泊沼泽化后形成的，属于此类的有山原宽谷中的江错湖和夏曼大海子。在湖泊退化后，湖中到处都生长着沼生植物，泥炭在湖底积累，平均厚度约有1米。

若尔盖草原的动植物种类也非常多，拥有丰富的物产。这里分布着黑颈鹤保护区、国家湿地保护区、梅花鹿保护区等各种保护区。有大量候鸟和野生动物栖息在这里，如白鹳、黑颈鹤、藏鸳鸯、白天鹅、梅花鹿、小熊猫等。诗圣杜甫曾以"竹披双耳俊，风如四蹄轻"称赞这里出产的唐克马。这里还

盛产许多名贵的药材，如麝香、贝母、鹿茸、虫草和雪莲等。

若尔盖草原的自然风光很独特，民族风情既古朴又多样。在这里漫步，听着黄河澎湃的涛声，遥望夕阳下归来的羊群，或者跨上骏马在原野里飞驰，累了还可以品尝奶酪饼、吃烤全羊、煮黄河鱼、喝酥油茶，真是有着无穷的乐趣。

九、俄罗斯干草原

俄罗斯干草原在俄罗斯历史、经济、文学和艺术方面都有着重要意义。地面没有经受过第四世纪初的冰川作用，地表覆盖物大多是松散的黄土和壤土。境内有高地、河谷、冲沟和洼地，属大陆性气候。夏季温暖，多晴天；冬季东部相当寒冷而西部气温较高、积雪较少。

该草原植被以耐旱草类为主。多年生草类有鼠尾草、石竹花、巢菜类植物和欧蓍草等，泥炭草中常有地衣，南部有蓝绿色水藻。在东欧平原、乌拉山麓和阿尔泰山麓有灌丛。局部高地、河漫滩涂和草地边缘地带有森林。土壤以黑钙土和栗褐土为主，北部有盐碱土。

草原上缺少动物隐藏的条件，多为智齿动物（如鼠类）。19世纪下半叶以前，臭鼬、狐狸和狼还较常见，有时还可发现小野马。最常见的鸟类是鸨、草原鹰、草原茶隼、百灵科鸣禽（如云雀）等。

由西向东，自然景观变化明显。西部（东欧平原）地势平缓，气候相对温和、蒿属植物及草被发育较盛（愈向东愈少），草类以羽毛状草为主，优势树种是阔叶林。哈萨克东部和西伯利亚的草原带地形较复杂，北部是西伯利亚低地，南部有一些低矮、圆顶的孤立山冈。大陆性气候显著。

植被与东欧平原类似，但阔叶林较少，森林以白桦林为主，分布零星。砂土和盐碱土的比重较大，尽管有含腐殖质较多的黑钙土，但其土层薄而不稳定。中西伯利亚和东西伯利亚的俄罗斯草原冬季少雪，霜冻延续好几个月，1月平均气温约为-30℃。

长期以来，俄罗斯草原是俄罗斯的谷仓之一，盛产小麦、甜菜、向日葵、玉米和粟等。西部有园艺业和葡萄种植业，养殖牛、羊、家禽和马。西部草原面积约70~80%已被开垦，哈萨克和西伯利亚所有宜垦的土地都已垦殖，农业需人工灌溉。为防止水土流失，广泛种植了防护林带。顿河、窝瓦河和乌拉河两岸的防护林带尤为重要。许多河道上筑有堤坝，建造有多座水库。库尔斯克的南面设有著名的中央黑土天然森林保护区，黑海之滨建有稀有动物保护区。

十、吕内堡草原

德国的吕内堡草原被易北河、阿勒尔河和威悉河缠绕包围，周边有不伦瑞克、不来梅、汉诺威和汉堡等几座德国重要的城市。这里的风景变幻多姿，既有冰蚀谷，又有冰川堆石和冰水沉积平原，还有草原和沼泽，以及森林地区。

未曾去过的人，是无法仅凭想象就体会到吕内堡草原的色彩的。在这里，您可以步行或骑自行车，也可以骑马、乘马车，还可以划船，不论哪一种方式都能够很好地欣赏这里的风光。这里的道路较为平坦，偶有小的起伏，景色延伸到远方，变得开阔。在吕内堡草原骑马度假是十分惬意的，有许多马场和骑马游览者的驿站分布在各个地方。这里还有多家骑马场和骑术学校，是骑马爱好者们聚集的地方。这里的野外公园、休闲公园和动物园是其他地方很难与之相提并论的，如塞伦格提公园、海德公园、鸟类公园、水獭中心等，都拥有非常多的娱乐活动，而其中的游艺设施也堪称一流。可以说，几乎每个人都能够在这里找到自己想要的乐趣。

稀有的植物、沙丘、草地和漂砾等构成了吕内堡草原的自然景观，除此之外，这里还有丰富的历史遗迹。这个地区早期的定居者留下了石器时代的石冢和坟丘。沧桑的老城仍然保留着自己的风格，也显示出从前的重要地位。宫殿、城堡、地主庄园、修道院和教堂等建筑分布在吕内堡草原中，是各个时期艺术成就的体现。其中重要的建筑有坐落在埃布斯多尔夫、吕内堡、伊森哈根、梅丁根、瓦尔斯罗德和温豪森等地的修建于11~13世纪的修道院。直到现在，这些修道院里还保存着十分珍贵的宗教和世俗艺术品。

十一、潘帕斯草原

潘帕斯草原位于南美洲南部，是阿根廷中、东部的亚热带型大草原。北

连格连查科草原，南接巴塔哥尼亚高原，西抵安第斯山麓，东达大西洋岸，面积约76万平方千米。

"潘帕斯"源于印第安丘克亚语，意为"没有树木的大草原"，是南美洲比较独特的一种植被类型。就地带性和气候条件而论，潘帕斯群落非常适宜树木生长，实际上除沿河两岸有"走廊式"林木外，基本为无林草原，一般称潘帕斯群落。该地冬季温和，最冷时月平均气温>0℃；夏季温暖，最热时月平均气温为26~28℃，气候半湿润至半干旱。

潘帕斯草原由高草组成，包括占优势的禾草植物和不占优势的杂类草，几乎没有乔木和灌木，只在谷底的一些地区有小块森林。这些植物具旱生结构，主要成分为多年生禾本科植物，如针茅属、三芒草属等；双子叶植物有石竹科、豆科、菊科等。草类中占优势的是针茅属、三芒草属、臭草属等硬叶禾本科植物，另有多种双子叶植物。豆科植物少是该群落的一大特点，特有种也较贫乏。地势自西向东缓倾。夏热冬温，年降雨量为250~1000毫米，由东北向西南递减。以500毫米等降水量线为界，西部称"干潘帕"，除禾本科草类外，西南边缘还生长着稀疏的旱生灌丛，发育有栗钙土、棕钙土，多盐沼和咸水河；东部称"湿润潘帕"，发育有肥沃的黑土。

潘帕斯草原成为南美洲比较独特的一种植被类型的原因，是草原西边的安迪斯山脉阻挡了来自太平洋丰富的降雨，所以只有该草原的西边靠安迪斯山脉一侧狭长地带才有"走廊式"林木，而东部大部分由于雨水的缺乏则只能生长草原。

阿根廷有成千上万个农庄牧场，像一颗颗璀璨的明珠，星罗棋布地散落在碧绿的潘帕斯大草原，这些农庄成了人们旅游和休闲的去处。

在阿根廷，开办旅游的庄园大多已有上百年甚至几百年的历史。他们之中有的是普通农家牧人的宅院；有些则是历史名人、富豪、将军甚至总统的私宅别墅。他们的旧主人来自世界的各个角落，因此庄园的建筑风格各异。有的大庄园，如位于恩特雷里奥斯省的19世纪50年代的阿根廷总统乌尔基萨的庄园，占地数十公顷，建筑材料几乎都是从法国运来，不仅规模庞大，而且建造精美，可与欧洲王室的王宫相媲美，是不可多得的宫殿式建筑。

普通农牧业生产者的小庄园展示的则是过去时代普通农村的风貌。这些庄园虽然经历了漫长的历史变迁，但仍基本上保留着原有的历史特色，成为国家重要的历史文化遗产。有的庄园里，不仅保留着原有古色古香的陈设，就连生产设施、仓房、牛栏、酒吧，也依旧是当年旧貌。

潘帕斯在印第安语中是平坦地面的意思。潘帕斯草原的主要部分在阿根廷境内，少部分在乌拉圭南部。潘帕斯草原以布宜诺斯艾利斯为中心，向西半部扩展，酷似一个极大的半圆形。这里夏无酷暑，冬无严寒，降水量由东向西递减，东部年降水量常在900毫米以上，四季分配亦较均匀，属温和湿润的亚热带季风性湿润气候。这样的气候，有利于农牧业的发展。

潘帕斯草原的大牧场放牧业，是世界大牧场放牧业的典型代表，以牧业为主。这里发展的大牧场规模大，不少单位经营的草场面积在5000公顷以上，经济效益良好。

潘帕斯现大部分已开垦成农田和牧场，盛产小麦、玉米、饲料、蔬菜、水果、肉类、皮革等特产，是阿根廷最重要的农牧业区，并成为阿根廷政治、经济、交通和文化的中心地带。以布宜诺斯艾利斯为中心，铁路、公路呈辐

射状伸向全国各地。潘帕斯草原的大部分土地已被开垦为农田和牧场。田里盛产小麦、玉米等粮食。牧草丰美的草原到处是白色、黄色、黑色、花色的良种牛群。草原上种植的玉米大部分是用来饲养牛羊，牛肉产量很高。阿根廷每年要宰杀1000多万头牛，除了大部分供国内食用以外，还大量冷藏出口，牛肉出口量居世界第一。潘帕斯草原是阿根廷农牧业的主要产区，也是南美的粮仓。这里有着阿根廷全国67%的人口、80%以上的工业，以及许多重要铁路和城市，是阿根廷的心脏。

十二、非洲稀树草原

从太空鸟瞰非洲，这块大陆清楚地分成两大部分：沙漠和雨林。在完全相反的环境夹缝里，有一块草原林地叫做稀树草原。"稀树草原"，顾名思义，就是点缀着稀疏树木的草原。它还有一个常用的名字——"萨瓦那"，是英语savanna音译过来的。

漫步着各种大型野兽的萨瓦那几乎成了非洲的经典形象，这里的萨瓦那呈马蹄形包围着热带雨林，向北则与撒哈拉大沙漠接壤。气候特点是一年内没有四季之分，只有明显的雨季和旱季的两季交替。雨季和旱季的景色迥然不同，雨季时一派欣欣向荣，旱季时则一片荒凉。由于有明显的季节变化，动物有季节性迁徙的习惯，最著名的是非洲塞伦盖蒂—马腊高原以角马为主的动物群一年一度的迁徙，那是非洲最壮观的景致之一。

漫长的旱季使一些树木具有储存水分的能力，非洲萨瓦那著名的标志植物之一——波巴布树的树干中就储存有大量水分。波巴布树高达25米，直径将近10米，树冠直径达100米，可储存近50吨的水。猴子非常喜欢波巴布树的果实，因此，波巴布树又有"猴面包树"的称号。萨瓦那的旱季经常会有燎原的野火，因此，萨瓦那的很多植物都有一定的耐火能力，有些植物在火灾之后开始萌发，野火促进了萨瓦那群落的更新，成为萨瓦那景观中不可缺少的一部分。

萨瓦那是大型兽类的天堂，这里有世界上种类和数量最多的有蹄类动物，与之相关的大型食肉动物也非常繁盛。最具特色的动物是各种羚羊，世界上大部分种类的羚羊都产于非洲。非洲最大型的羚羊——德氏大羚羊的体型不亚于一头牛，体重将近1吨，最小的羚羊——王羚只有3~4千克。更著名的羚羊是奔跑速度极快的汤氏瞪羚，为了捕捉它们，非洲出现了世界上跑得最快的动物——猎豹。

这里不仅生活着速度最快的动物，还有体型最巨大的动物。非洲象是陆地上的"巨无霸"，草原上的非洲象比森林中的体型更巨大。河马和白犀牛是体型仅次于大象的庞然大物，河马也是皮最厚的动物。世界上最高的动物也生活在这里，那就是长颈鹿。长颈鹿的身高使得它们能够吃到伞状金合欢树的叶子。伞状金合欢是非洲的热带稀树草原最典型的树木，有巨大的伞形树冠，所有的枝叶都长在树的最高处，还有很多棘刺。大多数动物都无法食用，但长颈鹿却可以轻松地享用这些金合欢的枝叶。萨瓦那还拥有世界上最多的食种子的鸟类，其中的红嘴奎利亚雀是世界上数量最多的鸟类，并常常结成规模庞大的鸟群，铺天盖地，十分壮观。

非洲萨瓦那，在这片充满活力和激情四射的土地上保持着地球上最原始的生态，灌木茂盛，绿草如茵。勤劳善良的斑马豪迈地奔向大草原的边际，血腥凶残的噂狼四处追寻猎物，霸气十足的雄狮俨然成为大草原的守护者。整个生命链为这片宁静的草原增添了热闹的气氛，动物们在互相追逐中寻求生存之道。

十三、南非草原

南非草原地面剥蚀较严重，除少数地区外，一般土层薄而贫瘠；降水较少而温度偏高。除个别地区外，年降水量多在380~760毫米之间，年变率可达40%，每隔3~4年就发生1次旱灾。最冷月（7月）温度为7~16℃，最热月（1月）可达18~27℃，日照时数可达可照时数的60~80%，干旱景观突出。

即使是雨季，雨量也不足以供应庄稼生长。野生动物也开始徘徊在田间，毁坏庄稼。气候变化正在改变南非草原和纳米比亚的地理景观，原来草原地区水草丰美、沃野千里，但现在这一地区因气候变化都成了季节性河流，致使河床干枯、耕地缩减。

　　在该草原上可以因地势分3部分：海拔大多在1200~1800之间的高位维尔德分布于南非、博茨瓦纳、莱索托、津巴布韦和赞比亚等地区，其特征植物为孔颖草；海拔在600~1200米之间的中位维尔德分布于好望角与纳米比亚，植被以耐火植物和高大的多年生禾草及杂类草为主；海拔在150~600米之间的低位维尔德主要分布于瑞斯瓦尔、斯威士兰及赞比亚的东南部，其植被在较高地区为金合欢等集团树丛与孔颖草草地相间分布，在低地则孔颖草为细草皮草、大戟科植物及其他肉质植物所取代。

　　东南部的金合欢属豆科，是非洲一种比较特别的科类。上海世博会上，非洲联合宫的设计就来源于此类科目。灌木，高2~4米；枝具刺，刺长可达1~2厘米。二回羽状复叶，羽片4~8对，每羽片具小叶10~20对，小叶片线状长椭圆形。头状花序腋生，直径1.5厘米，常多个簇生。荚果圆柱形，长3~7厘米，直径8~15毫米。种子多数黑色。常为二回羽状复叶。许多澳大利亚种及太平洋种的叶小或缺叶柄扁平，代行叶片的生理功能；叶柄可垂直排列，基部有棘或尖刺。花小，通常芳香，聚生成球形或圆筒形的簇；花多为黄色，偶为白色；雄蕊多数，使花朵外形呈绒毛状。荚果扁平或圆柱形，种子间常缢缩。头状花序簇生于叶腋，盛开时，好像金色的绒球一般。

　　低地区的肉质植物是指植物营养器官的某一部分，如茎或叶或根（少数种类兼有两部分）具有发达的薄壁组织用以贮藏水分，在外形上显得肥厚多汁的一类植物。它们大部分生长在干旱或一年中有一段时间干旱的地区，每年有很长的时间根部吸收不到水分，仅靠体内贮藏的水分维持生命。

　　南非草原上的动物资源丰富，有狮、豹、象、长颈鹿、河马、大羚羊以及多种鸟类等。

　　河马是淡水物种中最大型的杂食性哺乳类动物，是生物分类法里河马科中的两个延伸物种的其中一个（另一个是倭河马）。原来遍布非洲所有深水的河流与溪流中，现在范围已大大缩小，主要居住在非洲热带的河流间。它们喜欢栖息在河流附近沼泽地和有芦苇的地方。生活中的觅食、交配、产仔、哺乳也均在水中进行，是世界上嘴巴最大的陆生哺乳动物。

　　河马的身体由一层厚厚的皮包着，皮呈蓝黑色，上面有砖红色的斑纹，除尾巴上有一些短毛外，身体上几乎没有毛。河马的皮格外厚，皮的里面是一层脂肪，这使它可以毫不费力地从水中浮起。当河马暴露于空气中时，其皮上的水分蒸发量要比其他哺乳动物多得多，这使它不能在陆地待太长的时间。出于这个原因，河马必须待在水里或潮湿的栖息地，以防脱水。

　　大羚羊是非洲体型最大的羚羊，人类远古已特别注意这种羚羊，在不少古代壁画上绘有它们的身影。大羚羊的身形其实似一头牛多于其他的羚羊，其无论雄性或雌性都有角。别以为它们体型庞大便一定行动笨拙，大羚羊曾有一跃跳过8尺围栏的记录。

生长在草原上的动植物

在北美洲被欧洲殖民统治前期，草原遍布陆地之间，从西部的落矶山脉到东部的落叶林。在这片广阔的地区里，仅有零星小片保留在原生状态的环境下。最大中心区由混合草原组成，主要的禾草种类为针茅属、冰草属、格兰马草属等。现在，在混合草原的北部，混合草原已经变成羊茅属和异燕麦属草原；在西部，其变成了格兰马草和野牛草的短草草原；在东部，则变成了大须芒草和小须芒草的长草草原。通常没有乔木和灌木，但有许多不同的草本植物伴随禾草一起生长。

南美洲主要草原区在大陆东南部，可分为阿根廷的彭巴草原和邻近地区的乌拉圭和巴西的疏林草原。在彭巴草原众多禾草中，针茅属是最多种多样

的，而疏林草原中较常见的是雀稗属和须芒草属禾草。但是，现在这里的植被已经被严重破坏，与以前大不相同。在植被未破坏之前，主要的大型食草动物为潘帕斯鹿，现在只有少量存活。负鼠、犰狳、啮齿动物也很丰富，它们是狐、美洲狮、美洲豹等各种猫科动物的食物。

澳大利亚干燥区的热带草原通常以三齿稃草为主，丛生草的底部常是风吹着沙，形成典型的圆丘。黄茅属和高粱属为北方较湿的草原区主要植物，米契尔草属广布于季节性干燥区，尤其是在东部断裂的黏土上。袋鼠是澳大利亚草原最大的土生动物，其中红袋鼠最大，常常出现在天然草原的干燥内陆区。

新西兰的丛生草原和亚南极岛屿通常以早熟禾属的种类为主。

欧亚草原位于俄罗斯和蒙古草原大片地带，在许多方面类似于北美洲草原，因此有许多类似的动植物。大部分地区的植物为针茅属的各个种，在草原各处与其他禾草，其中主要是羊茅属和冰草属，相混杂生长。在蒙古草原上有一种田鼠非常厉害，可在几年里消耗大量的植被，几乎把草原绿地退化为沙漠。

撒哈拉沙漠南方跨越非洲西部和中北部的萨赫勒地区宽阔草原地带，是世上最大的热带草原区。然而几千年来，人类对这一地区索取太多，因此现在的情况已经和自然情况大不相同。三芒草属、蒺藜草属等属植物是最常见的禾草，仅仅在一些受保护的岩石地带，才有放牧动物爱吃的其他种类草，这些种类从前较常见且较重要。草原的许多地方有灌木和小树，为稀树草原或灌丛地，即使被放牧、焚烧和收集柴火等，这里的植被也不易转变为草原。

因为比萨赫勒潮湿的自然环境，使得东非洲的草原较为多样。在森林被摧毁的地方，发展了由狼尾草属或苞芽属组成的高草原，这种情况也可能在焚烧或大象等食草动物啃食后无限期维持。在较干燥地区，三芒草属、金须茅属等其他禾草是重要的植物，菅草属出现在较冷的地带。

草原植食哺乳动物通常包括角马、羚羊、犀牛、大象、羚牛、野牦牛、藏羚、白唇鹿、毛冠鹿、野驴、野马、双峰驼、马鹿、梅花鹿、麝、盘羊、高鼻羚羊、鹅喉羚、水牛。食肉动物有各种不同的犬科动物（胡狼）、猫科动

物（狮和猎豹）、鬣狗和獴。四爪陆龟、沙蟒、扬子鳄等是草原珍稀的爬行动物，大鲵是珍稀的两栖类。

　　草原上珍稀的鸟类有丹顶鹤、白枕鹤、灰鹤、黑颈鹤、白鹤、藏马鸡、藏雪鸡、血雉、大鸨、金雕、草原雕、苍鹭、兀鹫、秃鹫、胡兀鹫、大白鹭、玉带海雕、蓑羽鹤、大天鹅等。

第二章

草原植食哺乳动物

一碧千里的草原，气候类型多样，植物种类丰富，是植食性哺乳动物生活的天堂。体型庞大的非洲象是陆地上最大的动物，它一天可以吃掉200千克的食物；袋鼠的育儿袋里充满了神秘，是小袋鼠温暖的家园……下面就让我们来认识这些可爱的食草动物吧！

堪比宝马——黄羊

中文名：黄羊

英文名：Mongolian Gazelle

别称：黄羚、蒙古原羚、蒙古瞪羚、蒙古羚

分布区域：主要分布在我国境内

黄羊实际上并不是真正的羊类。在国外，黄羊主要分布在蒙古和俄罗斯西伯利亚南部；在我国，主要分布在吉林西北部、内蒙古、河北北部、山西北部、陕西北部、宁夏贺兰山、甘肃北部以及新疆北部等地。黄羊喜欢栖息在半沙漠地区的草原地带，很少生活在高山或纯沙漠地区，偶尔才到高山或者峡谷地带，但从不进入沙漠之中。

黄羊体型纤瘦，体长在100~150厘米之间，肩高大约是76厘米，体重一般在20~35千克之间，最大的可达到60~90千克。黄羊的脖子粗壮，尾巴很短，四肢细长，前腿也较短，有窄而尖的角质蹄，适合在沙漠地区行走。夏天的毛很短，并呈现出红棕色，腹面和四肢的内侧是白色，尾巴的毛是棕色；冬天的毛密厚而脆，颜色较浅，略带浅红棕色，并且有白色的长毛伸出，腰部毛色主要是灰白色为主，有稍微的粉色夹杂其中。

黄羊善于跳跃，喜欢群居，主要是以枯草、积雪来充饥和解渴。黄羊能忍耐长时间的饥渴，有时可以几天不喝水，差不多都可以与骆驼相媲美了。黄羊在冬季休息的时候，通常先用蹄子把积雪刨开，形成浅坑，然后集体成员聚拢在一起，卧在其中。如果是在十分寒冷的白天或者风雪交加的夜晚，

那么，它们彼此会依靠得更加紧密，通常是缩成一团来互相取暖。

黄羊奔跑的本领也是一流的，在牧区流传着这样一句话："黄羊蹿一蹿，马跑一身汗。"这个谚语就是用来比喻黄羊的奔跑速度的。由于黄羊的奔跑速度快，再加上它们天生灵敏，所以在遇到天敌后并不是很害怕，可以用快速奔跑的方式来甩掉追逐的天敌。而且有意思的是，它们在奔跑一会儿后，会停下来回头观察一下"敌人"的动静，然后再继续奔跑。

狼是黄羊的主要天敌，它能沿着黄羊的足迹不停地追赶，虽然它们的奔跑速度比不上黄羊，但可以袭击因老弱病残等原因而落伍的个体。

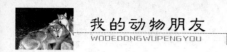
山地"主人"——盘羊

中文名：盘羊

英文名：Argali sheep

别称：盘角羊、大角羊

分布区域：亚洲中部的广阔地区

    盘羊是世界有名的巨型野羊。另外，盘羊也是典型的山地动物，喜欢在海拔3500~5500米左右的半开阔的高山裸岩带及起伏的山间丘陵生活。夏季的时候，喜欢活动在雪线以下的地方；冬季，当栖息环境积雪深厚时，它们就会从高处迁至低山谷地生活。

    盘羊体长在150~180厘米之间，体重在110千克左右。盘羊头大脖子粗，尾巴很小，四肢粗短。体色一般为褐灰色或污灰色，脸面、肩胛、前背呈浅灰棕色，前肢前面的毛色相对于其他部位要暗很多。通常雌羊的毛色比雄羊的深暗，个别盘羊全身毛色为一致的灰白色。

    盘羊都是有角的，不论是雌雄，只是角的形状和大小有些不同。雄性盘羊的角特别大，呈螺旋状扭曲，角根部一般呈浑圆状，角尖部分则又呈刀片状，全角长达1.45米左右；雌羊的角形相对来说简单很多，较雄羊的要细小，长度一般不超过50厘米，呈镰刀状。但比起其他一些羊类，雌盘羊角还算比较大。

    盘羊的视觉、听觉和嗅觉敏锐，性情非常机警，稍有动静，便迅速逃跑。冬季，雌雄盘羊喜欢在一起活动，交配时期每只雄盘羊与几只雌盘羊一起生

活；在交配期间，雄性盘羊之间为了争夺交配对象也会进行搏斗。一般情况下，搏斗以角相撞，响声巨大，人们在山坡上可以听到山的另一侧雄盘羊争偶时巨角撞击的声音。因此，与羱羊相比，它们的搏斗残酷一些，一般雄盘羊羊角上都会撞击出许多痕迹。当交配季节结束后又分开活动，雌盘羊产小羊羔在第二年夏季，怀孕期约180天，每胎1仔，一般2岁性成熟。

　　我国内蒙古是最大的盘羊生活区域，目前因人类大肆捕杀导致盘羊的数量剧减，我国已将它们列为二级保护动物。

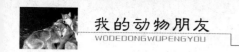
登山健将——岩羊

中文名: 岩羊

别称: 崖羊、半羊、石羊、青羊、山盘羊、盘羊、兰羊、欠那、那瓦、贡那

分布区域: 主要分布在我国的青藏高原

　　岩羊因喜攀登岩峰而得名，其形态介于野山羊与野绵羊之间。体型中等，体长120~140厘米，体高60~80厘米，尾长13~20厘米，体重60~75千克。两性均有角，角比较粗大，但并不是很长，角基部圆形略呈三角形，向外分歧，不再继续长高；角尖朝后，略微偏向上方，角的弯度不大。雄羊角特别粗大似牛角，长约60厘米；雌羊角很短，长约13厘米。其头部长而狭窄，耳朵短小。通体毛色为青灰色、褐黄灰色、褐灰色，有一条深暗色背中线；上下唇、耳内侧、颌以及脸侧面灰白色；腹部、臀部以及尾部和四肢内侧部呈白色，尾巴末端大部分为黑色。雌体脸部、喉部均无黑色可见，其余与雄体基本一致。幼体的毛灰色成分较大，有的呈灰黄色。

　　岩羊以青草和各种灌丛枝叶为食，冬季啃食枯草。它们还常到固定的地点饮水，但到寒冷季节也可舐食冰雪。

　　岩羊是典型的山地动物，有较强的耐寒性。生活在海拔3100~6000米的高原地区、裸露的岩石和山谷之间的草甸地区，无固定栖息场所。悬崖峭壁上只要有一脚之棱，它们便能攀登上去；一跳可达二三米，若从高处向下更能纵身一跃十多米而不致摔伤。岩羊的大角在跳跃时起着保护的作用，碰上岩石时角先接触，起到缓冲作用，使身体不致摔伤。其攀登山峦的本领在动物中是无与伦比的。岩羊的体色与岩石很难分辨。受惊时，由雄羊先环视四周，

辨明危险方位后带领羊群朝安全方向逃窜，决不四分五裂。一般是往岩石上面跑，最终消失在乱石间，3~5天内这群岩羊不会再来。黄昏到草地上吃草，整夜都在那里活动和休息；休息时不断反刍，天亮以后再回到裸岩上面。

岩羊还是群居性动物，常十多只或几十只在一起活动，有时也可结成数百只的大群。有负责放哨的个体在群外站岗，一有动静，就发出警报，善攀登跳跃的岩羊群即迅速逃上悬崖峭壁。有时，岩羊与北山羊也会在同一处栖息，但不混群，也不发生冲突，显得十分融洽。岩羊群体成员的依恋性很强，如果有的成员不幸死亡，其他成员常将死尸围住，不让兀鹫等食腐动物叼走。

岩羊有迁移习性，冬季生活在大约海拔2400米的较低处，春夏常栖于海拔3500~6000米之间较高的裸岩上，冬季和夏季都不下降到林线以下的地方活动。

岩羊主要的天敌是雪豹、豺、狼，以及秃鹫和金雕等大型猛禽。

岩羊在冬季发情交配。雄兽之间的争偶形式与其他羊类相似，但没有其他羊类激烈。雌兽的孕期约6个月，每年10~11月发情交配，翌年5~6月产仔，每胎1仔，偶尔产2仔。幼仔出生10天后就能在岩石上攀登，1.5~2岁时性成熟。岩羊的寿命为15~17年。

草原精灵——羚羊

中文名：羚羊

英文名：antelope

分布区域：非洲、阿拉伯半岛，海拔5000米以下干或湿的草地

延伸于刚果盆地南北以及撒哈拉以南非洲的广阔草原，是地球上数量最多的哺乳动物的家园。在这里，禾本科草类以在底层生长为特点，和食草羚羊一同生存于此。食草羚羊可分成三个不同的族：生活在沼泽地及草原的苇羚族，包括赤羚以及苇羚；湿地草原以及开阔丛林的狷羚族，包括黑斑羚、狷羚和牛羚；还有贫瘠地带的马羚族，长得与马相似。

沼泽地羚羊，或称苇羚族，全部栖息在相对潮湿而且丰产的环境下，从

低处湿地到山区草原，全年大部分时间依靠优质绿色草料为食。也许因为它们常常在潮湿的环境中生活，没有一个苇羚族成员有高度发达的气味腺体，大多数的沟通都是通过特殊的、高声的口哨声，这种口哨声被用做报警的紧急信号和雄性的交配呼唤。

普通苇羚和南苇羚是小型低地物种，分别栖息在刚果盆地北部潮湿的草地、沼泽地和刚果盆地南部的潮湿草地、沼泽地。和山苇羚一样，它们的活动范围较小，尽管它们在某些地方密度很大——例如在祖鲁平原一个种群的数量达到每平方千米16.6只。和大多数小型羚羊一样，它们抵御掠食者的防御措施更倾向于隐藏，而不是聚集成群。

苇羚族中体型最大者是水羚，乍看起来，它们更适合生活在北美的森林里，而非它们实际栖息的潮湿的非洲热带草原。水羚的食物中蛋白质含量很高，这可能与它们大量吃的食物长在水边有关。对于羚羊来说这是一个不寻常的特点，实际上它们从不会出现在离开水源几千米之外的地方。因为相对较大的体型，它们需要吃掉大量的植物，因此经常以芦苇、嫩枝叶补充它们自身的能量，它们甚至吃水生植物。水边的栖息地会把它们完全暴露在掠食者眼底下，但是在乌干达伊丽莎白皇后公园，人们发现它们是狮子最不喜欢的猎物之一，也许因为它们皮肤上难闻的油腻的分泌物——特别是雄性身上的气味。它们是不移栖的动物，雌性领地范围从肯尼亚纳库鲁湖高种群密度地区的0.3平方千米到乌干达的6平方千米。

赤羚、驴羚以及瓦氏赤羚的体型在普通苇羚和水羚之间，它们也会在潮湿的热带稀树大草原和季节性淹没的沼泽地达到非常高的地区性种群密度。赤羚会在刚果河以北出现，它的近亲瓦氏赤羚和驴羚则生活在刚果河南边。所有这三种都钟情于肥美的绿草，它们的行为都适应这些珍贵资源在时间和空间上的波动。最具定居性的瓦氏赤羚吃那些在古老的U形河湾内生长的草和莎草。在伊丽莎白皇后公园北部，当暴雨和火灾过后引起绿草丰产时，乌干达赤羚的活动范围能延伸40千米的距离。苏丹的白耳赤羚则会进行上百千米的大规模迁徙，跟踪季节性降雨带来的尼罗河的漂浮物。在20世纪80年代，它们的数量大约有80万头，它们的迁徙和塞伦盖蒂牛羚的迁徙一样壮观。所

有的赤羚以及驴羚都是群居的，以此作为抵御掠食者的策略，同时，只有雄性有角。

狷羚族由牛羚和它们的近亲组成。除了黑斑羚，所有种类都是长相难看的动物，肩膀高出臀部，长有长脸和粗短的角。它们是典型非洲稀树大草原上最成功的"居民"。不同的种类分布于刚果以北的草地以及南部非洲的林地。没有像苇羚一样与水或者绿草紧密相连的，除了主要以嫩枝叶为草类补充的黑斑羚以外，其他的体型都比较大。

转角牛羚是选择性的草食动物，只生活在潮湿的稀树大草原地区，通常同赤羚或苇羚生活在一起。各种各样的狷羚物种是无选择性的草食动物，生活在有中长型草的热带。在津巴布韦西北部的森格瓦地区，在湿润季节里，它们食物的94%是草；在干旱季节里，其食物中69%是香草和木质植物的嫩枝叶。

优雅的马羚族是非洲最干旱地区的物种群。无论雄性还是雌性，所有的种类体型都很大，都带有长直的或弯曲的角。雌性生活在5~25只组成的紧密团体里，总是在大范围内游动，其种群密度从来不高。除了草之外，大多数种类都能食用一些嫩枝叶，包括豆荚，以及多汁植物的鳞茎、块茎和野瓜。当把与它们没有血缘关系的个体驱逐出去，或者在竞争稀有的资源时，雌性的角就会派上用场。

生活在世界上最干旱地区的曲角羚，白色的身躯很庞大，角呈螺旋形，在无水的撒哈拉地区生存。长角羚羊生长在半干旱的萨赫勒地区（以前也出现在撒哈拉的北部）；阿拉伯长角羚是唯一一个非非洲成员，曾经在阿拉伯和西奈半岛出现过，现在又再次被引入阿曼和沙特阿拉伯。马羚和黑马羚是这个适应干旱环境的族里数量最少的，虽然它们有同样的体型和社会结构。

草食羚羊比任何其他族群都多，能典型地阐明社会生物学的中心教条：雌性跟随食物，雄性跟随雌性。这种普遍化有一个简单的理论上的解释——雌性必须承担起生养和哺育下一代的责任，而雄性只提供精子，在任何时候总会有更多的雄性可以用来交配。雌性的繁殖成功与否，主要依赖对资源的获取，而雄性要想使自己的基因传递下去，则依赖于它们能得到多少雌性。长此以往，雌性被自然选中来搜寻生存资源，雄性则被自然选中来追寻雌性。

原野上的精灵——藏羚羊

中文名：藏羚羊

别称：藏羚、长角羊

分布区域：中国西藏、青海和新疆的高原地区

　　藏羚羊是中国重要珍稀物种之一，仅有零星个体分布在印度地区。体型与黄羊相似，四肢匀称、强健。尾短小、端尖。通体被毛丰厚绒密，毛形直。体长为117~146厘米，尾长15~20厘米，肩高75~91厘米，体重45~60千克。雌性藏羚羊在1.5~2.5岁之间达到性成熟，交配期一般在11~12月之间，经过7~8个月的怀孕期后，一般在2~3岁之间产下第一胎。幼仔在6月中下旬或7

月末出生，每胎1只。

藏羚羊集十几到上千只不等的种群，生活在海拔3250~6000米的高山草原、草甸和高寒荒漠上，性情胆怯，早晚觅食，极善奔跑，最高时速可达80千米，寿命最长8年左右。藏羚羊每个鼻孔里有1个小囊，以帮助在空气稀薄的高原上进行呼吸。雄羊头、颈、上部淡棕褐色，夏深而冬浅，腹部白色，额面和四条腿有醒目黑斑记，雌羊纯黄褐，腹部白色。

藏羚羊的活动很复杂，某些藏羚羊会长期居住一地，还有一些有迁徙习惯。雌性和雄性藏羚羊的活动方式不同。成年雌性藏羚羊和它们的雌性后代每年从冬季交配地到夏季产羔地迁徙行程300千米。年轻雄性藏羚羊会离开群落，同其他年轻或成年雄性藏羚羊聚到一起，直至最终形成一个混合的群落。

藏羚羊生存的地区东西相跨1600千米，季节性迁徙是它们重要的生态特征。因为母羚羊的产羔地主要在乌兰乌拉湖、卓乃湖、可可西里湖、太阳湖等地。每年4月底，公母羚羊开始分群而居，未满1岁的幼羚羊也会和母羚羊分开。到五六月，母羊前往产羔地产仔，然后母羚又率幼仔原路返回，完成一次迁徙过程。这种迁徙中，母羚羊有可能回到不是以前它所在的种群中。这样会利于基因之间的交流，增加物种的遗传多样性，从而有助于藏羚羊种群的延续。它们爱吃禾本科中营养最丰富的狐茅，也就是酥油草。在春、夏季也喜欢吃蒿属植物的花和幼嫩茎叶。在冬春季节，除吃储存的干草外，也啃吃植物的秸秆根茎。

藏羚羊的毛极其珍贵，因此遭到人类的大量捕杀，导致藏羚羊的数目急剧减少。令人欣慰的是，这一珍稀物种已经受到重视，被列为重点保护动物，其数量正在逐渐恢复之中。

美洲"火箭"——叉角羚羊

中文名：叉角羚羊

分布区域：主要分布在美洲

　　叉角羚羊产于美国中西部地区，成体的叉角羚羊体长在1.32~1.49米之间，体重40~59千克左右。背部土黄色，腹部白色；颈部和臀部有显眼的白斑，鼻梁是黑色耳朵下面一直到下颌的一条黑斑。

　　叉角羚羊得名于它们的角有分叉，不过它们也是一种形态多变的物种。有30%的雌羊终生不长角，偶尔还会长出形状异常的子宫。

　　叉角羚羊是美洲大陆跑得最快的野生哺乳动物，最高时速每小时可达80千米。一次跳跃可达3.5~6米左右，擅长游泳，非常机警。因为它们的眼睛很

大，生长位置相比其他食草动物更靠外、靠上。这使得它们拥有更广的视野，更容易发现靠近自己的天敌。特别发达的视觉，使它能看到相当于人用8倍双筒望远镜看到的距离。正是由于它们能看到很远的距离，因此，近视能力相对来说很差。10米开外的人如果不动的话，叉角羚羊将很难察觉人的存在。遇险时，其臀部的白色毛能立起，这是它们向同伴告警的一种特殊信号。

　　叉角羚羊以草、灌木、芦苇等为主食，能用前脚挖掘被雪所掩埋了的植物。如果能吃到足够的青草，可以不喝水。每年的夏季是它们的交配时期，孕期约8个月，第一胎通常只产1仔，以后则每胎2仔。

　　叉角羚羊的天敌主要是狼、美洲狮。由于成年的叉角羚羊奔跑的速度相当快，所以这些天敌在它们眼里已经构不成威胁，但对羊羔来说，则是最大的威胁。这些小羊羔经常因为弱小而成为"敌人"的美餐。为了避免敌害发现，羊羔可以长时间静卧，只有这样，才能得以逃生。有时候，即使奔跑的大型动物踩踏在群卧中的羊羔身上，它们也可以做到一动不动、一声不响。

高原隐士——扭角羚

中文名：扭角羚

英文名：Takin

别称：牛羚、金毛扭角羚

分布区域：主要分布在中国、印度、尼泊尔

扭角羚是目前国际上公认最稀有的动物之一。雌雄均有特殊弯曲的角，呈扭曲状，故而称之"扭角羚"。体型如牛般粗壮敦实，体长1.8~2.1米，体重230~275千克，肩高1~1.4米，肩高大于臀高；尾短，长度仅有18~22厘米，但毛很多；四肢粗壮有力，蹄子也较宽大。头大颈粗，眼大而圆，吻部宽厚，与鼻尖均裸露，并以一明显的鼻中缝分开，呈漆黑色，隆起较高；鼻孔位于侧上方，呈扁圆形，鼻腔较大；上唇具有稀疏的短毛，颌下和颈下则长着长度为20~25厘米的胡须状长垂毛。

扭角羚产于我国西南、西北地区，以及不丹、印度、缅甸等地。由于产地不同，毛色由南向北逐渐变浅。我国境内的羚牛全身白色，称为"白羊"；老年个体呈金黄色，称为"金毛扭角羚"。扭角羚分为四个亚种：高黎贡亚种、不丹亚种、四川亚种和秦岭亚种。其中四川亚种和秦岭亚种是中国的特有亚种。秦岭亚种是四个亚种中最漂亮的亚种，主要分布在秦岭西段。

扭角羚是一种适应高山生活的大型食草兽类，也是我国特产的大型珍贵动物，为国家一级保护动物。扭角羚栖居于海拔2400~2600米的高山地带，性喜结群，少则三五头，多则三四十头。觅食时，每群有一头体强力壮的"哨羚"居高瞭望。一旦发现有异常情况，它会立即"报警"，其他扭角羚则闻声

逃散。扭角羚看上去又粗又笨，但反应很敏锐，在山地树林中的行进速度很快，而且攀爬能力较强。豺、熊、豹是扭角羚的主要天敌。

扭角羚的群体社会是一个神秘的世界，俨然一个和睦的大家庭。它们睡觉时多围成一个大圆圈，头向外，尾朝内，成体在外，幼仔居中。在行进时，就像一支纪律严明的部队，前面有雄壮的"头羚"率领，后面有其他雄性紧随，护卫着老、幼个体。

扭角羚以各种树枝、树叶、竹叶和青草等为食，它们的食物会随着季节和食物基地的变化而迁移。此外，扭角羚和其他许多草食动物一样，具有嗜盐习性，常常可见到它们成群到含盐的水边饮水，或者到咸泥滩上去舐盐粒。扭角羚的活动极有规律，在四川，人们称它"七上八下九归塘，十冬腊月梁嘴上"，反映了它们随气候变化和植物的生长规律作垂直性的迁移。

每年的6~8月份是扭角羚繁殖的高峰期，雌牛角羚经过8个月左右的孕育期后，会产下一只幼羚。

扭角羚生性憨厚，不设防，很容易被人类捕杀或掉入人们诱捕它们的陷阱，加之生态环境的恶化，目前羚牛正处于濒临灭绝的边缘。我国已经把羚牛列入一级保护动物；国际自然保护联盟把它列为世界濒危保护动物，载入特别保护的"红皮书"。我国已经建立了两个扭角羚自然保护区，目前其数量正在不断回升。

温驯美丽的公主——跳羚

中文名：跳羚

英文名：Springbok

别称：南非小羚羊

分布区域：主要分布在南非

跳羚是偶蹄目，牛科。跳羚属唯一种，它是羚羊类中最擅长跳跃的种类，主要产于南非、西南非洲、博茨瓦纳和安哥拉。滥猎和栖地破坏使跳羚的数量已经变得很稀少了，现在主要生活在南非的国立公园和私人农场内。跳羚是南非共和国国徽上的主要形象。

"跳羚"是个有趣的名字，它是怎么得来的呢？原来，这与它们独特的本领有关。当它们在受惊或游戏时，常常能够跳到3~3.5米高，并可以连续跳跃五六次，跳远可达7米，奔跑时速可达90千米。

从外表上看，跳羚是非常漂亮的。雌雄都长有角，角较窄，长长地竖立着。跳羚身体上部呈明亮的肉桂棕色，下部为白色。沿腰窝有一条棕色的宽条纹，面颊和口鼻部为白色，有一条红棕色的条纹从眼部到嘴角，臀部为白色。尾巴较细，尾端有一簇黑毛。从臀部沿脊柱直到后背的中部，有一簇较长的白毛，通常沿脊柱折合起来形成很窄的袋状，一般看不见，只有在嬉闹或天气极热时，才打开一会儿。

跳羚的集体迁徙是很壮观的，在南非大草原上经常可以看到壮观的跳羚群，有一群跳羚还曾创造过最壮观兽群的吉尼斯纪录。虽然现在还能看到壮

观的跳羚群，但其规模已经远远不如以前了。当跳羚遭遇干旱迫使它们寻找新草地时，它们集成千上万只乃至上百万只的大群进行迁徙，这样的大群有时数天才能从一个地方过完。大群过后，沿途留下一片被破坏的凄凉景象。途中遇到的任何动物都得跟它们一起迁徙，否则就会被它们践踏致死。

　　跳羚的生命力很顽强，能够适应非常恶劣的环境。它们通常生活在干旱或半沙漠化的长有灌木丛的草原上。在那里，它们甚至能够不喝水而生活很长时间，它们是真正生命力的象征。

　　跳羚生命力的顽强还体现在其食性的广泛上。随着季节的不同，跳羚的食物也会有所变化，但它们会尽量选择比较有营养的食物。它们采食草、草本植物、灌木、种子、豆荚类、水果和花，有时也刨开地表寻找植物的根，甚至还会选择那些对其他种羚羊有毒的植物。跳羚靠采食野生的瓜类来弥补体内水分的不足，采食土壤来补充体内矿物质的缺乏。

擅长奔跑的马——骆马

中文名：骆马

英文名：Vicuna

别称：小驼羊

分布区域：主要分布在南美洲

骆马是南美的土著动物，体长1.45~1.6米，尾长约15厘米，肩高76~86厘米，体重35~65千克。体毛主要为肉桂色，腹面为白色。头短，颈长，耳较小。骆马分布于美洲大陆的中西部沿线，在秘鲁、智利、玻利维亚等国尤

为集中。其中大部分生活在秘鲁和玻利维亚交界的安第斯山脉地区，以及海拔3500~5750米高的半干旱草原上。在这样的高度，天气寒冷，狂风呼啸，氧气也要比海拔低的地方稀薄得多。骆马之所以能够在这种条件下生存，是因为其身上长有厚厚的毛，也因为它们的血液不同于其他动物——血液中有更多的携带氧气的红细胞。正因为如此，它们能更充分地利用稀薄的氧气。因为骆马生长在这种独特的环境下，有着很好的食物消化和适应艰苦环境的能力。骆马同无峰驼、大羊驼有亲缘关系，是南美产的四种骆驼科动物中最小的一种。

骆马是一种群栖动物，一般是5~15只一群或整个家族成群一起生活，由一只雄兽率领。白天，它们在高山草地上吃草；晚上，到更高的地方去睡觉。在遇到危险时，雄兽会发出警报，同时挺身向前，护卫雌兽后退。

骆马擅长奔跑，它们在海拔4500米处奔跑，时速可达47千米。其视觉发达，听觉中等，嗅觉最差。骆马跳跃的动作比较优美。

骆马是诱发排卵型动物，可在任何时候交配，每年产一仔，孕期11个月。通常是在白天站立分娩，双胞胎极少出现，也很少能够存活。幼兽出生后便可直立行走，一直哺乳到至少10个月。骆马的寿命大约为15~20年。

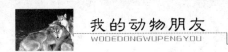
跨栏冠军——汤姆森瞪羚

中文名：汤姆森瞪羚

英文名：Thomson Gazelle

别称：汤氏瞪羚

分布区域：坦桑尼亚

汤姆森瞪羚体态轻盈，娇小玲珑，看似弱不禁风，却能轻捷地奔跑在一望无际的草原上。汤姆森瞪羚的肩高为58~70厘米，体重为13~30千克，一般雄性体型较大。汤姆森瞪羚是非洲草原上的短跑亚军，最高速度能够达到90千米/小时，而且它的纵身一跳可高达3米，跨度可达9米。

汤姆森瞪羚的体型和鹿很相似，是一种种群十分庞大的群居动物。它的体型较小，外形十分优美，是许多草原食肉动物狩猎的目标。汤姆森瞪羚的头上长有很短的角，和藏羚羊、蒙古黄羊属于同一种类。同时，汤姆森瞪羚也十分善于奔跑，能够凭借左突右转的的极好转向能力以及坚韧的忍耐力摆脱追捕，甚至连短跑冠军猎豹都奈何不了它们。

汤姆森瞪羚主要吃短草，旱季也吃长草，它们不能离开水源太久，一定时间内必须饮水。它们喜爱的食物是被其他动物啃食后重新长出的嫩草，所以它们通常跟随在其他食草动物的后面。

汤姆森瞪羚是以跳跃的方式向同伴发送捕食者的信息的，这种行为无疑会使自己暴露在捕食者面前。这看上去似乎是一种自我牺牲的行为，其实则不然，捕食者一般选择容易捕获的体弱无力的猎物。跳跃的瞪羚是以这种跳跃的方式来显示自己的强壮，从而达到自我保护的目的。

　　雄瞪羚经常为争夺伴侣和领地而相互争斗，争斗的方式一般是对抗或相互用角顶撞。争斗结束后，胜利者会将战败者驱逐出境，战败者另觅新的领地。

　　如果一只雄瞪羚喜欢上一只雌瞪羚，它会表现得很有"风度"。一般情况下，它会先在对方身边绕来绕去表示好感，接着会用前脚去触碰雌瞪羚的后腿，对方要是不反对的话，它们才在一起生活。汤姆森母瞪羚的怀孕期约190天，多数是单胎。小汤姆森瞪羚多在雨季后出生，出生时重约2~3千克，出生后不久便能站立走动，它们的平均寿命为12年。

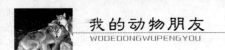

生命的跳跃者——黑斑羚

中文名：黑斑羚

英文名：impala

别称：高角羚、飞羚

分布区域：非洲东部和中南部地区

黑斑羚是一种中型的非洲羚羊，体重约100~120千克，体长140~170厘米，肩高85~95厘米，尾长9~11厘米。头部似羊也似牛，但头面部略短，耳宽大；颈背具长角，角微向后曲、圆形，角基部具有轮状横纹，角尖光滑而尖锐，雄兽角较大。皮毛呈金黄色、红色或红褐色，腹部白色。由于它们的两条腿上各有一条垂直的黑条纹，后蹄有一簇黑毛，所以被称为"黑斑羚"。雄性黑斑羚有竖琴状的长角，可达90厘米，雌性没有角。

黑斑羚通常生活在稀树草原上的林地、河畔及有很多种植被的地区，以杂草及植物的枝叶为食。

黑斑羚用自己的排泄物来划分领地，其领地通常比较小，而且它们从来不迁移。它们经常在水边活动，并且有固定的饮水区域。在黑斑羚活动的区域，其他食草动物很难生存。黑斑羚在受惊的时候，经常会群起狂奔，以摆脱敌人。面对天敌时，黑斑羚可以跳起3米高、10米远，奔跑的速度可以达到80~90千米/小时，是名副其实的跳高跳远冠军，其跳高、跳远的天赋往往令花豹、猎豹和狮子都望尘莫及。

黑斑羚经常成群地活动，它们常以两种方式群居，一种是"一夫多妻"，

即一只雄性黑斑羚带着10~200只雌性黑斑羚和幼崽；另一种则是由一群黑斑羚"单身汉"组成。由"一夫多妻制"组成的族群通常不会允许成年雄性加入，也不会允许自己群体的雌性黑斑羚离开。在食物丰富的时候，可以容纳任何雌性的进入，但会赶走已经断奶的雄性幼崽。由"单身汉"组成的群体则有一定的自由性，它们会容纳任何雌性的进入，而且只有领头羊才有资格与雌性交配。"单身汉"族群中性别比例严重不足，使得它们在发情期不断骚扰和攻击"一夫多妻"羊群的公羊，并最终取而代之。

　　黑斑羚的繁殖期是每年的5月到雨季结束，整个过程大约持续3个星期。孕期为7个月，如果生存条件恶劣，母黑斑羚会将产期推迟1个月。临产的母黑斑羚会暂时脱离群体，尽管会受到雄性的阻挠，但是这无法改变母黑斑羚的想法。它们会找到一个隐蔽而偏僻的地方去生产，这个时间会持续好几天。出生后的小黑斑羚会被藏在隐蔽的地方，这可以防止小羚羊被吃掉。当小黑斑羚能够行动的时候，它们就会和母亲一起回到群落里。所有的新生黑斑羚都生活在一起，由它们的母亲充当保护者。

伟大的迁徙者——角马

中文名：角马

英文名：gnu

别称：牛羚

分布区域：非洲东部和南部地区

非洲角马是生活在非洲大草原上的一种牛科食草动物，是大型羚羊的一种。因为其长相如牛，所以又叫牛羚。它们身高约1.3米，角小，在咽喉下有白色长毛。由于角马没有用做武器的大角，所以常常成为狮子等食肉动物的猎物。

据生态学家们估计，栖息在非洲热带大草原的角马超过100万头。它们每年旱季和雨季要进行两次反复的大迁徙。原来，在角马生长的这一带，雨季和旱季的降水量和温差变化都比较大，因此不同季节生长的植物也各不相同。草原上大部分的食草动物为了适应这种环境差异，会随季节的改变而吃不同种类的植物或植物的不同部位。但是对于近百万头角马来说，这么点食料怎么也不够。为了确保充足的食料，它们寻找雨后新长出的嫩草，在大草原上迁徙。这种迁徙是经过几百代、几千代的重复才成为角马掌握自身生存、繁衍后代的最佳办法。

在这漫长的大迁徙中，充满着各种各样的艰难险阻。角马在迁徙中不仅会受到食肉动物的侵袭，还要面临在渡河过程中溺毙或被鳄鱼吞食的危险。但是，角马群依旧义无反顾、坚定不移地继续前进，从陡峭的山坡上气势如

虹地奔腾而下，跳入马拉河中，浩浩荡荡地游过0.5米深、40米宽的马拉河。

　　渡河结束后的角马群会因为渡河成功而兴奋地发出呜呜的吼声，兴致勃勃地来回走动。不久，角马群会重新列队，仿佛刚才什么事也没发生似的，又安详地开始向南行进，在地平线的那一边有角马最喜欢吃的植物正等待着它们的到来。

　　在集体迁徙的途中，有时候，角马群会停下来进行交配。这时候，雌性角马会被赶到一起，而雄性角马则会高昂着头颅绕着它们奔跑，同时与其他的雄性竞争。但是，这种行为只能持续几天，不久它们就会解散，再次进行迁徙。在食物充足的雨季，角马的幼仔将会降生。

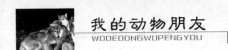

脖子最长的动物——长颈鹿

中文名：长颈鹿

英文名：giraffe

别称：麒麟鹿

分布区域：主要分布在非洲的苏丹、肯尼亚、坦桑尼亚和赞比亚等国

　　长颈鹿是世界上最高的陆生动物，成年的雄性长颈鹿高达4.8~5.5米，体重约900千克。雌性长颈鹿的体型较雄性小一些。长颈鹿的头上生有一对终生都不脱落的角，皮肤上有可以用来自我保护的花斑网纹。

　　长颈鹿是只吃嫩枝叶的动物，完全以双子叶植物为食（如树木、灌木、非禾本科草本植物），只有当雨后牧草肥美的时候它们才偶尔吃些草。在它们的分布区内，它们以种类繁多的金合欢树枝叶等作为主要的食物，也包括其他很多属的树，如风车子属、没药属、丛林茶属等。大多数关于长颈鹿食性的研究都是在非洲南部和东部进行的，那里有典型的长颈鹿常年吃的食物，包括40~60种木本植物。长颈鹿是一个挑食者，它们吃植物高质量的部位，如新叶、幼芽、果实和花。当然，在贫瘠的月份，长颈鹿也吃纤维含量高的耐旱植物的叶片来维持生活。作为反刍动物，长颈鹿可以通过反刍改变叶片的可消化性，并且它们还有一个独特的能力，就是在走路的过程中进行反刍，这就拥有了更多的进食时间。

　　由于在稀树大草原生态系统内植物很分散，并且叶子生长有季节性，长颈鹿需移动很远的距离去觅食，特别是在干旱季节。在南非和东非，它们要

在300~600平方千米左右的范围内活动，而在尼日尔的萨赫勒地区，无论雌雄都要在1500平方千米的范围内活动。在干旱的季节里，除了靠近水边的植物外，其他的树木都不长叶子，长颈鹿不得不去比较低洼的地方，因为那里有比较适合树木长叶子的湿润土壤。大多数的时间里，它们自由活动，而且分布很混乱。在克鲁格国家公园，它们经常食用水里的植被。

　　长颈鹿的嘴非常适合取食。长舌头可将植物芽上的刺去掉，然后用它的臼齿将食物磨碎。光滑的树芽能倾斜地通过臼齿和犬齿之间的缝隙，而它们的嘴在捋住树枝时，叶子便在门齿和犬齿之间被捋下。长颈鹿能吃到任何高于地面不到5米的树叶，雄长颈鹿更可以很容易地够到母长颈鹿和小长颈鹿够不到的食物。这种觅食的不同，一方面因为雄长颈鹿比母长颈鹿高大，另一方面也是因为它们的头在寻觅食物时可以在180°的范围内转动，而母长颈鹿仅可在135°范围内转动。这些觅食姿势的不同在很大程度上也适用于长颈鹿的交配，但是其原因目前还不清楚。

　　长颈鹿用它们敏锐的视觉和身高的优势来保持联系。当一队长颈鹿全站

着凝视着相同的方向，耳朵高高竖起时，这是一个十分显著的信号，表明它们正在监视掠食者。狮子是长颈鹿的主要捕猎者，即使是成年长颈鹿，狮子有时也能将其扑倒。狮子的战略是把它的猎物驱赶到凹凸不平的地方，并迫使其减速或失去平衡。

　　由于长颈鹿的体型比较大，一群狮子能够依靠一头长颈鹿的肉维持几天的生活。在克鲁格公园，长颈鹿的肉占狮子食物总量的43%，多于其他种类的猎物。雄性长颈鹿似乎更容易遭受狮子的攻击，在克鲁格公园被狮子猎杀的长颈鹿的雌雄比例是1∶1.8。其中的原因可能是为了寻找交配机会，雄性长颈鹿常独自游走于各个群体之间，因而缺少群体警戒。

陆上大力士——大象

中文名：大象

英文名：elephant

分布区域：非洲以南、亚洲东南部

　　现存世界上最大的陆生动物是大象，通称象，长鼻目，象科。目前所发现的大象的种类有亚洲象、非洲象和非洲森林象。大象的食量非常大，平均一天要消耗掉75~150千克的植物。在动物王国中，它们拥有最大的大脑，和人类的寿命相当；能学习和记忆，适合被驯化而为人类工作。

　　大象的力量很大，1000年来通常被驯化，供农业和战争使用。现在，特别是在印度次大陆，大象仍然有重要的经济价值，并且是文化的象征。人们对象牙的需求已经在过去的150年来造成了大象数量的骤减。现在，人口数量的增加导致对大象生存范围的侵占，已经威胁到了大象的生存。

　　象的头骨、颚、牙齿、长牙、耳朵以及消化系统的形态特征很复杂，以适应庞大身躯的进化。其头骨的大小与脑容量不成比例，逐渐进化以便支撑长牙和沉重的齿系。它们的头骨相对比较轻，这是由于头盖骨中连结有气囊和空腔。

　　象的长牙是伸长的上门齿，是象牙质和钙盐的特殊混合物，长牙横断面上规则的钻石图样在其他任何哺乳动物的长牙中都还没有发现。在进食时，长牙用于折断树枝或者挖掘树根，在同类相遇时则作为展示的工具和武器。其长牙会在一生中不停地生长，因此，到60岁时，公象的长牙能达到60千克

重。如此大的长牙也容易成为猎人的重要目标，所以当今野外存活的巨象的数量极少。

大象的上唇和鼻子伸长，能形成强健的象鼻。与其他植食动物不同，大象的嘴无法触到地面。事实上，早期的长鼻类动物没有伸长的鼻子，可能是因为其很重的头盖骨和下颚结构。象鼻除了能使大象在进食时从树木和灌木中折断树枝，摘取叶、芽、果实，还能用于饮水、问候、爱抚、威胁、喷水以及扫除灰尘，并形成和增强发声。象用鼻子吸水，然后灌入嘴中；它们也将水洒在背上冲凉。在缺水时期，有时它们会将存在咽喉中袋状物里的水喷出来冲凉。象鼻还可作为气管，便于它们在水中活动时呼吸。当眼睛或耳朵发痒时，大象会用鼻子来挠痒，另外，象鼻还可以用来对付敌人、投掷东西。

大象的耳朵可以作为散热器，以防止体温过高，而过热常常是体型巨大而紧凑的动物的一大危险。象的耳朵上血液供应充足，可以用来扇动，以便增加身体周围的气流；在有风的热天里，大象有时会展开耳朵，以便让凉风吹向身体。观察象的耳朵中部的血管可以发现：当周围凉爽时，它们的血管就不会从皮肤上突起；但当温度高时，它们的血管就会舒张开来，从皮肤上突起。大象也有敏锐的听觉，主要通过发声来沟通，尤其是森林象。

象沉重的身躯由柱子般的粗腿支撑，粗腿里则有粗壮结实的骨头。前脚骨头的结构是半趾行类动物结构，而后脚骨是半蹠行动物结构。大象平时保持漫步的姿态，但据说大象冲锋时的速度可以达到40千米/小时——短距离以此速度很容易超越一名短跑选手，但是测量的精确度仍然值得怀疑。

大象至少花3/4的时间用来寻找和消化食物。在雨季，热带草原象主要吃草以及少量的各种树木和灌木的叶子；雨季结束后，草木枯萎，它们就开始食用树木和灌木的木质部分。它们也食用大批量的能得到的花和果实，还会挖树根吃，尤其是在雨季第一次降雨后。

由于庞大的身躯和快速的"吞吐"量，所有的大象都需要大量食物。按一只成年大象每天需要75~150千克食物计算，每年能达50吨以上，但这些食物只有不到一半被彻底消化。大象依靠它们肠道中的微生物来消化，小象的肠道中没有微生物群，一般通过食用比较老的家庭成员的粪便来获得。

此外，大象每天需要消耗80~160升水，不到5分钟就能喝光。在旱季，它们用象牙在干涸的河床上挖掘洞穴，以便寻找水源。

大象达到性成熟的年龄约为10岁，但在旱季或种群密度高的地方，可能会推迟数年。一旦雌象开始繁殖，每隔三四年可产下一只幼崽，但有时也可

能延长。雌象生殖力最旺盛的年龄是25~45岁。

大多数大象每年会表现出与食物和水的季节性供应相适应的生殖周期。在食物短缺的旱季，雌象则会停止排卵；下雨后，食物供应好转，但约需要1~2个月的良好进食，才能使得雌象体内的脂肪达到排卵所需的水平。因此，雌象会在雨季的后半期和旱季的头几个月内进入发情期。

大象的怀孕期异常漫长，平均630天，有时甚至长达2年，这意味着幼象会出生在雨季初期。这时的环境适宜它们生存下来，特别是这个时候丰富的绿色植物能够确保母象在最初几个月内成功地分泌乳汁。

陆上"巨人"——非洲象

中文名：非洲象

别称：非洲草原象

分布区域：广泛分布于整个非洲大陆

　　非洲象产于非洲，它们的生活区域很广。在森林、开阔草原、草地、刺丛以及半干旱的丛林中，都可以看见它们的身影。20世纪初，估计有300万~500万只大象生存在非洲，而如今生存在野外的大象只有不到50万只，成为了珍稀物种。

　　象是迄今生存着的最大型的陆生哺乳动物，雄性非洲象重达7500千克。据记载，最大的一只非洲雄象是1974年11月7日在安哥拉南部被发现的，它肩高约3.96米，体长10.67米，前足周长1.8米，体重11.75吨。

　　象还是哺乳动物中的"寿星"，一般可活到110~120岁，比起狮子、老虎来要长寿许多。但遗憾的是，目前野生的非洲象数量已经不多。据报道，1979年至1988年，非洲象从130万头锐减至75万头。有人预言，按这种速度递减下去，到21世纪中叶前，这个物种就将灭绝。

　　那么，是什么原因使得非洲象被大量猎杀呢？非洲象之所以会遭到杀身之祸，是因为它身上那两根凸出的长牙。为此，国际濒危物种保护组织曾达成禁止出口象牙的协议。

　　象牙基本上会伴随大象一生，我们可以通过象牙来判断大象的年龄。人类记录中最大的象牙重达97千克，但是由于盗猎猖獗，我们现在已经很难发

现重量超过45千克的象牙了。

亚洲象和非洲象最基本的区别是非洲象无论雌雄都有象牙，而亚洲象只有雄性拥有象牙，而且象牙十分坚硬，是防御和攻击敌人的最佳武器。

可能在大象的身体上象牙是最受大家注意的，其实大象耳朵的作用也是很大的，比如当大象生气或受惊时，耳朵就向前展开以表达情绪；在天气炎热时，大象就会不停地扇动耳朵来降温。

非洲象的四条腿看上去像柱子，耳朵耷拉在头颈的两侧，皮厚多褶，全身的毛很少，一条长鼻子可以碰到地面。象的长鼻子功能很多，除了嗅觉以外，象鼻可以说是四肢之外的第五肢。比如当它们觅食时，就会用鼻子卷取食物和采摘果实。其实象的鼻子还有很多功用，如拔起地上的青草与大树、驱赶蚊蝇，吸水喷进嘴里或洒在背上，为自己在炎热的天气中消暑降温等。当象发怒时，鼻子还可以当做战斗武器，把敢于侵犯伤害它的敌人卷起来扔到远处。

长鼻子的大力士——亚洲象

中文名：亚洲象

别称：印度象、大象、野象

分布区域：主要分布在南亚和东南亚

亚洲象多栖息于热带地区，主食竹笋、嫩叶、野芭蕉等。在中国，亚洲象为国家一级保护动物，被列入《濒危野生动植物种国际贸易公约》附录I中，并被世界自然资源保护联盟列为濒危物种。

亚洲象的身躯高大威武，四肢粗大强壮，前肢5趾，后肢4趾；尾短而细；皮厚多褶皱；全身被稀疏短毛；头顶为最高点，体长5~6米。身高2.5米，体重达4~6吨。它们性情温顺善良，是力量、威严和吃苦耐劳、任劳任怨的象征。亚洲象的嗅觉和听觉非常发达，但视觉较差。亚洲象的平均寿命为50~65岁，在人工饲养条件下，有活到80岁的纪录。

亚洲象最为引人注目、也是最富传奇色彩的特征就是那长约2米、鼻端有一个肉突，而且缠卷自如、十分灵敏的肉质长鼻。大象的鼻子是上唇的延长体，它主要由4万多条肌纤维组成，里面有发达的神经系统，具有和人手一样的功能。所以，象鼻对于大象来说不仅是嗅觉器官，而且是取食、吸水的工具和自卫的武器。

亚洲象的另一个特征就是它长长的象牙，平均长度在2米左右。象牙也是亚洲象强有力的防卫武器。不过雌象的牙较短，不凸出于口外。

亚洲象的耳朵也很大，宽度近1米，有利于收集声波，所以它们的听觉非常敏锐，彼此之间常用人们听不见的次声波进行联络。而且，由于大象耳部

的褶皱很多，表面积大为增加，所以散热也就更快。在炎热的夏季，它就是靠不停地扇动两只大耳朵，使耳部的血液加速流动，达到散热降温的目的。此外，耳朵还能驱赶热带丛林中的蚊蝇和寄生虫。

亚洲象的食量大得惊人，每天要吃大约100~150千克的新鲜植物，因此在野外需要占据几十平方千米的活动或取食领域。为了吃到足够的食物，象群还要经常从一个地方走到另一个地方，边走边吃。它们的游动性极大，而且是有规律的周期性活动，经常穿行边境"周游列国"。虽然大象体格庞大，但是这并不影响它们的速度。作为群居性动物，象以家族为单位，由雌象做首领，每天活动的时间、行动路线、觅食地点、栖息场所等均听雌象指挥，而成年雄象只承担保卫家庭安全的责任。有时几个象群会聚集起来，结成上百只的大群，浩浩荡荡，场面十分壮观。

亚洲象还有很多有趣的习性，它们性格活泼，喜欢水浴，常在河边或水塘边洗澡、嬉戏，用长鼻子吸水冲刷身体，还喜欢将泥土涂满全身，以便除去身上的寄生虫，同时也可防止蚊虫叮咬。它还是游泳好手，游泳的速度也不慢，可以连续游五六个小时，渡过很宽的河流。

亚洲象和人类的关系非常亲近。由于亚洲象的智商很高，性格善良而温顺，所以容易被人类驯化。印度是最早驯养亚洲象的国家，始于公元前3500多年。现在几乎所有产亚洲象的国家都将其驯化为家畜，用于开荒、筑路、伐木、搬运重物等工作。亚洲象几乎受到所有产地国家的热爱，老挝的国旗上画着数只亚洲象，并将首都取名为万象。泰国是拥有亚洲象最多的国家，素有"大象之邦"之称。亚洲象不仅是泰国文学艺术上一个永恒的主题，而且被认为是佛教的圣物，在古时还被组成军队，用于战争。据说在17世纪时，泰国的军队中有2万多只训练有素的亚洲象冲锋陷阵，为战胜敌人立下了汗马功劳。令人想象不到的是，经过训练的亚洲象还能替主人细心地看管小孩。

但令人遗憾的是，现在野生亚洲象的数量已不多。在我国仅分布于云南省南部与缅甸、老挝相邻的边境地区，由于屡遭猎杀数量十分稀少，现存大约不到300头。

为了保护濒临灭绝的亚洲象，亚洲各国在其分布地区建立了自然保护区。对随意猎杀野象的凶手，各国都会按法律予以严厉制裁。

澳洲的象征——袋鼠

中文名：袋鼠

英文名：kangaroo

分布区域：澳大利亚大陆和巴布亚新几内亚的部分地区

　　袋鼠是澳大利亚的特有动物，是有袋目袋鼠科的统称，主要栖息在草原地带中灌木丛或小树林里，多在清晨和黄昏结群出来活动，是食草动物，吃多种植物，有的还吃真菌类。不同种类的袋鼠在各种不同的自然环境中生活。袋鼠身体的大小差异很大，体长24~160厘米，头小，鼻孔两侧有黑色的须痕，眼睛大，耳朵长。

　　袋鼠是用两后足一起跳跃的最大的哺乳动物，而跳跃是一种对大型的哺乳动物来说很为奇特的步态，不过这并不是袋鼠行走的唯一方式。当袋鼠慢速移动的时候，它们也用四个脚掌爬行，但是一对前肢与一对后肢一起移动而不是交替移动。

　　与其后肢形成对比的是，袋鼠的前肢相对比较小，也没有专门化。前掌长有5个同样大小的趾，上面都有强有力的爪甲，围绕短而宽的掌排列。袋鼠的前爪能够抓住或者处理食用的植物，还能用以紧抓皮肤，使育儿袋保持敞开，或者在梳理皮毛的时候用以刮挠。袋鼠还用它们的前肢进行体温调节：把唾液涂向它们的身体内侧，使唾液在那里蒸发掉，以便血管网中的血液得到降温。

　　袋鼠的头部表面上看起来很像羚羊的头，它的头有中等长度的口鼻部、有视野宽阔的眼睛并能双目并用，还有能够旋转以从各个方向捕捉声音的直立的耳朵；上嘴唇像兔子或者松鼠那样"裂开"。

袋鼠的口鼻部、牙齿以及舌头适于取食小的食物，而不是大口大口地吞食。在上嘴唇的后面有一排弧形门齿，能在上颌的前部围起一个肉质垫。

袋鼠能够使用其前爪处理或者挖掘食物。它们能用爪把植物拉向自己，并用前掌从嘴中除掉植物上那些不能吃的部分。

袋鼠皮毛的颜色从浅灰色到暗褐色或者黑色不等。这些条纹在视觉上打破了它们的轮廓。爪甲、四足以及尾巴常常要比身体颜色深些，而腹部通常颜色较浅，使得这些动物在黄昏或者月色下显得有些"扁平"。

初生的袋鼠幼崽非常小，长度只有5~15毫米。它们看起来还处在胚胎状态，长有发育不完全的眼睛、后肢和尾巴。这些新生幼崽使用其有力的前肢，依靠自己的力量沿着母袋鼠的皮毛向上爬到朝前开口的育儿袋中。在那里，它们用嘴夹紧4个奶头中的一个，附着在上继续进行多周的发育，时间因种类的不同而从150~320天不等。育儿袋为幼崽提供了一个既温暖又湿润的环境，因为幼崽还不能调节自身的体温，并会经由其裸露无毛的皮肤快速地丧失水分。

　　一旦幼崽松开了奶头，很多体型较大种类的母袋鼠就会允许它从育儿袋里出来进行短期的"溜达、漫步"，当母袋鼠要走的时候再把它找回来。在母袋鼠快要生下一胎幼崽之前会避免已生幼崽重新回到育儿袋中，但是这只幼崽会继续跟随母袋鼠，并且可以把头伸进育儿袋里吸吮奶头。当幼崽接近成熟的时候，母袋鼠所提供的乳汁的质量会发生变化。一只母袋鼠在给一只待在育儿袋中的幼崽哺乳的同时还要给一只"紧随母兽的幼崽"哺乳，它会从两个奶头中产出质量不同的乳汁——拥有这种本领是因为它的乳腺处在不同激素的控制之下。

　　大体型的袋鼠在繁殖之前要经历一个长久的未成年阶段。大体型袋鼠的雌性在2~3岁大时才开始繁殖，以后可能会繁殖8~12年。某些小体型的袋鼠幼体能够在断奶后的1个月之内受孕，这个时候它们只有4~5个月大，但也有可能会延迟到10~11个月大时。

　　雄性袋鼠的生理成熟期可能比雌性稍长，但是对体型比较大的袋鼠而言，它们对繁殖的参与要受到社会性的限制。雌性的生长发育在其开始繁殖之后减速，但是雄性会继续快速地成长，这导致年龄大的雄性要比较年轻的雄性和雌性大很多。事实上，一只雌性大灰袋鼠或者大赤袋鼠处于第一次发情期时体重仅有15~20千克，却可能会被一只五六倍于其体重的雄性追求并与之交配。体型比较大的袋鼠类动物表现出了已知陆生哺乳动物中最为夸张的体型二态性，这在很大程度上是因为种群中体型最大的雄性能够获得大多数的交配机会。与此形成对照的是，体型比较小的沙袋鼠与树袋鼠的雄性与雌性成体大小相同。

　　除了雌性常有独立的幼崽跟随之外，大多数的袋鼠类动物都是独居的。然而，袋鼠属的某些种类会形成50只或者更多个体组成的群体，然而，这些群体成员之间的关系相当灵活多变，一天之内个体会加入或离开数次。基于性别和年龄方面形成的小团体，会倾向于与它们相类似或者其他特殊的小团体联合在一起。雌性个体也可能和它们的雌性家族成员或者没有亲属关系的特定雌性联系在一起——这种联系较频繁而持久，但并不是永久性的。一只

雌性在幼崽的不同发育阶段所处的环境决定了它以后的联系模式，如果雌性的那个幼崽将要离开育儿袋，它就会避免和其他有同一阶段幼崽的雌性接触，会退回到通常没有其他个体使用的部分地带。

这些种类的雄性在群体之间的迁移比雌性更加频繁，并且迁移的范围也更大。雄性都不是地盘防卫性的，它们也不会做出任何尝试去把其他雄性排除在一群雌性之外。雄性的活动范围广泛，通过嗅泄殖腔和尿液的气味来检查尽可能多的雌性。如果一只雄性侦测到一只雌性接近发情期，它就会试着跟这只雌性配对，跟随在其附近，并在其进入发情期的时候与其交配。但是，这只雄性可能会被其他任何体型更大、更占优势地位的雄性取代。

体型比较大、具有社会性的袋鼠类动物全部生活在开阔的地区，以前的时候经常受到掠食者的捕食，例如澳洲野犬、楔尾鹰，以及现在已经灭绝的袋狼。社会性聚群对大体型的袋鼠在反掠食者方面产生了很多好处，因为澳洲野狗较少能够接近大群大袋鼠，这样它们就能花更多的时间觅食。袋鼠群的大小与其密度、栖息地的种类、白天的时长以及天气联系在一起。

长跑健将——野驴

中文名：野驴
英文名：wild ass
别称：蒙古野驴、赛驴
分布区域：非洲、亚洲

　　野驴，属奇蹄目、马科，是一种大型有蹄类动物，外形似骡。野驴主要分布在非洲的荒漠和草原地带，在亚洲也有分布。野驴体型比马略小，跟家驴比较相似，只是身体较轻巧，而且腿上还带有花纹。

　　成年的野驴体长2.6米左右，肩高约1.2米，尾巴有0.8米左右长，重约250千克。野驴有略为细长的吻部，长而尖的耳朵，细长且呈棕黄色的尾巴、尾巴尖端的毛稍长，刚劲有力的四肢，蹄比马小但比家驴大。野驴多有从白到灰或黑的体色，有一条深色的条纹长在野驴的背到尾巴处的鬃毛那里。另外，野驴的肩部通常还有一个十字形斑。

　　野驴的发情繁殖期为8~9月，雄驴间争雌激烈，胜者拥有交配权。孕期11个月，每产1仔，3~4岁性成熟，寿命达25~30年。

　　野驴喜欢集群生活，通常四五十只生活在一起，白天出外活动，以各种野草为食，营迁移生活。野驴的视觉和听觉都很敏锐，警惕性很高。它一般很少鸣叫，只有雄兽在失群、求偶、争斗时才会嚎叫发声，声音比家驴嘶哑低沉。野驴的胸肌比较发达，角质蹄也比家驴、家马要大，善于快速奔跑，且耐力超强，能一口气跑上40~50千米，最高时速可达64千米，是荒漠草原上的"长跑健将"。野驴在快速奔跑时，连狼群都追不上它们。在被迫自卫时，野驴会翘起后腿用蹄子踢蹬对方。它们的蹄子相当有力，可将狼的肋骨踢断。野驴的耐渴性较强，可以几天不喝水，冬季缺水时就啃冰舔雪来摄取水分。在干旱的环境中，它们还会找到有水源的地方用蹄刨坑挖出水来饮用。

形似骏马的鹿——马鹿

中文名：马鹿

英文名：red deer

别称：赤鹿

分布区域：欧洲南部和中部、北美洲、非洲北部、亚洲的俄罗斯东部

　　马鹿是一种大型鹿类，在鹿类中，它的体型仅次于驼鹿。因其体型酷似骏马，故而得名马鹿。马鹿的体长约1.6~2.5米，尾巴长约12~15厘米，肩高1.5米左右，重达150~250千克。雌性马鹿的体型略微要比雄性的小。到了夏天，马鹿多长赤褐色的短毛，没有绒毛，背部的毛颜色较深，腹部的毛颜色较浅，故而又有"赤鹿"之称。

　　马鹿的分布范围比较大，在大多数环境中都能栖息生存，属于北方森林草原行动物。雄性马鹿具有很大的角，并且角的大小与体重成正比，其角上一般有6~8个分叉，多的可达9~10个。雌性马鹿并没有角，只是在相应的部位有两个隆起的嵴突。

　　马鹿的形态会随着产地的不同而存在一定的差异。马鹿在世界上有23个亚种，马鹿中体型最大的是北美亚种，又名"北美马鹿"，其个别雄性马鹿的体重甚至超过了400千克。中国的马鹿亚种大多为中国所特有，约有7~9个之多，其中包括栖息于针阔混交林、林间草地或溪谷沿岸林地的东北马鹿，主要栖息于海拔3500~5000米的高山灌丛、草甸及冷杉边缘的白臀鹿，以及栖息于罗布波地区西部有水源的干旱灌丛、胡杨林与疏林草地等环境中的塔里木

马鹿。

　　由于季节的变换以及地理条件的差异，马鹿要经常变换生活环境。良好的隐蔽条件、充足的水源和丰富的食物是马鹿选择生存环境的重要指标，因此，它比较喜欢隐蔽条件和食物条件都比较好的灌丛、草地等环境。不过，马鹿也可以在荒漠、芦苇草地及农田等食物比较缺乏的环境中生存。

　　马鹿在白天活动，特别是黎明前后的活动更为频繁。它们以乔木、灌木和草本植物为食，种类多达数百种，也常饮矿泉水，在多盐的低湿地上舔食，甚至还吃其中的烂泥。夏天有时也到沼泽和浅水中进行水浴。

　　马鹿平时常单独或成小群活动，群体成员包括雌兽和幼仔，成年雄兽则离群独居，或几只一起结伴活动。在自然界里的天敌有虎、熊、豹、豺、狼、猞猁等猛兽，但由于性情机警，奔跑迅速，听觉和嗅觉灵敏，而且体大力强，又有巨角作为武器，所以也能与捕食者进行搏斗。

马鹿的发情期集中在每年9~10月。此时雄兽很少采食，常用蹄子扒土，频繁排尿，用角顶撞树干，将树皮撞破或者折断小树，并且发出吼叫声。初期时叫声不高，多半在夜间，高潮时则日夜大声吼叫。发情期间，雄兽之间的争偶格斗也很激烈，几乎日夜争斗不休，但在格斗中，通常弱者在招架不住时并不坚持到底，而是败退了事，强者也不追赶。只有双方势均力敌时，才会使一方或双方的角被折断，甚至造成严重致命的创伤。取胜的雄兽可以占有多只雌兽。

雌兽在发情期眶下腺张开，分泌出一种特殊的气味，经常摇尾、排尿，发情期一般持续2~3天，性周期为7~12天。

雌性马鹿一般有225~262天的妊娠期，通常是独胎。刚出生的马鹿幼仔有着布有白色斑点的黄褐色体毛，重约10~12千克。出生后的幼仔在头三天内不能行动，5~7天后才可以跟随雌性马鹿活动。马鹿幼仔有3个月的哺乳期，大约1个月大的时候会出现反刍现象，一年之后开始长出不分叉的角，角在第三年会分成2~3个枝权。马鹿在3~4岁时就已经成年，其寿命约为16~18年。

在黑龙江和吉林地区的马鹿约有10万只，但由于过量猎捕和栖息地被破坏，马鹿种群的生存也逐渐产生了危机。尤其是在新疆，生活在塔里木地区的野生马鹿种群已经由1.5万只下降到4000~5000只；阿尔泰马鹿由20世纪的10万只下降到约4万只；野生的天山马鹿的数量则正以每年约3000只的速度锐减。

中国神鹿——白唇鹿

中文名：白唇鹿

英文名：white-lipped deer

别称：岩鹿、白鼻鹿、黄鹿

分布区域：中国青海、甘肃、四川西部、西藏东部

白唇鹿是中国特有的动物，十分珍贵，被视为"神鹿"。它们同时还是一种古老的物种，早在更新世纪晚期的地层中，就发现了它们的化石。它们曾经广泛地分布于喜马拉雅山的中部一带。由于古地理的影响，第三纪后期、第四纪初期的喜马拉雅山造山运动使得以我国青藏高原为中心的地面剧烈上升，高原隆起，森林消失，致使它们的分布范围也向东退缩。白唇鹿是中国一级保护动物，被列为世界濒危物种。

白唇鹿是一种体型较大的鹿种，肩高约1.2~1.3米，尾巴很短，仅有10~15厘米。白唇鹿的头部形状类似于等腰三角形，有着又宽又平的额部、又长又尖的耳朵、又大又深的眶下腺。白唇鹿的体毛在夏季呈黄褐色，下唇和吻端两边呈纯白色，所以又有"包唇鹿"之称；在冬季呈暗褐色，并带有淡色的小斑点，所以又有"红底"之称。因为白唇鹿的体毛又长又粗又硬，故有着极好的保暖性能。成年的雄性白唇鹿有长着4~6个分叉的长角，雌性的白唇鹿没有角。白唇鹿十分擅长爬山，这是因为它有着宽大的蹄子。

白唇鹿大多栖息于海拔3500~5000米之间的高山草甸、灌丛和森林地带。其嗅觉和听觉都十分灵敏，经常在林间空地或森林边缘活动。它还有着非常

好的水性，能安全渡过湍急的宽阔水面。白唇鹿是一种群居性动物，通常是三五成群，有时也会有数十只聚成一群，甚至还有一两百只的大群。它们喜欢在水草灌木茂盛的大山四周定居，在晨昏时分出来活动。但在春夏两季，白唇鹿会为觅食而做长距离的季节性迁移。豺、狼等食肉性动物是白唇鹿的天敌。在受到惊吓时，雄性白唇鹿往往向高处跑，而雌性白唇鹿往往向较低的地方跑。

　　每年的10~11月是白唇鹿的发情期，这时雄性高声嘶鸣，常会发出"哞、哞"的咆哮声，并且在地上打滚，往身上沾泥土。雄性间争偶格斗非常激烈，常常会使角折断。雌鹿的怀孕期为8个月，到第二年的5~7月产仔；每胎产1仔，偶尔也产2仔。刚出生的幼仔全身具有斑点，1个月以后斑点逐渐消失，3岁后达到性成熟。白唇鹿的寿命一般在20年左右。

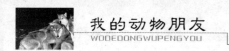

迷彩战士——斑马

中文名：斑马
英文名：zebra
分布区域：非洲

　　斑马为非洲特产，是一种美丽的动物，全身上下布满黑白相间的条纹，色彩明显耀目，是受人类欢迎的观赏动物之一。成年斑马体长2~2.4米，尾长47~57厘米，肩高1.2~1.4米，体重约350千克。虽然斑马也是马，但斑马的鬃毛却与普通马的不同，斑马的鬃毛像刷子毛那样笔直地耸立在脖颈上；斑马的耳朵也比一般的马要大，耳廓上端很尖，而且毛长在里面。根据斑马身上的斑纹图式、耳朵形状及体型大小可以把它们分为三种：山斑马、普通斑马、细纹斑马。

　　普通斑马是分布范围最广的一种。其分布的某些地区与山斑马、细纹斑马重叠，喜欢栖息在水草丰盛的草原。一年中大部分时间都在同一地区，只有食物与水源短缺时才迁徙他处。坦桑尼亚的塞伦盖地大草原动物资源丰富，有时成千上万匹斑马与其他动物大迁徙，赶往新鲜的草地。斑马常与牛羚、瞪羚、长角羚等其他食草动物一同吃草。

　　斑马身上的斑纹不仅美观大方，还有着非常重要的作用。这些条纹不仅可以扰乱敌人的视线，还可以作为种族间相互辨认的标志，因为每个种类都有自己的条纹图案。此外，斑纹还可以有效地防御刺刺蝇的叮咬。

　　水对斑马十分重要，在缺少水的地方，斑马会自己挖井找水。在所有动

物中，斑马找水的本领最高明。它们靠着天生的本能，找到干涸的河床或可能有水的地方，然后用蹄子挖土，有时竟可以挖出深达1米的水井。当然，这些水井也使别的动物跟着受益。

斑马之间相处都很和睦，很少发生冲突。只是在发情的时候，雄斑马之间为了争夺雌斑马，才会展开激烈的格斗。它们的格斗方式是踢或者撕咬，但这种情况极少发生，因为通常一个斑马家族只有一匹成年雄斑马。

斑马是群居性动物，生活在以家庭为单位组成的大群体中，常以10~12只结成群待在一起，老年雄性斑马偶尔单独行动。每个家庭都有好几头雌马和它们的孩子，而只有一头领头的雄马。如果这头雄马被杀，这个家庭仍旧会生活在一起，将由另一头雄马及时来继任领头的位置，以重新组织新的大家庭。

斑马跑得很快，当被追赶时，其时速可以达到80千米。斑马经常喝水，很少到远离水源的地方去。它们还有一个特点是，即使在食物短缺时，从外表上看上去仍是肥壮且皮毛富有光泽。

斑马性情温驯，御敌能力较差。对斑马群来说，狮子是最大的威胁。为此，斑马除了同类成群以外，还经常会和视力好、警惕性高的动物结交。一旦发现敌害，彼此互相关照，尽早发出危险警报。

斑马一般在春季产仔，孕期345~390天，每胎一仔。

草原巨人——美洲野牛

中文名：美洲野牛

英文名：bison

别称：美洲水牛

分布区域：美国和加拿大的大平原

　　美国黄石国家公园的清晨，碧空如洗，暖暖的阳光在起伏的山峦间游走，开阔的河谷中，大群的野牛也尾随着渐渐退去的阴影，缓缓走出夜间休息的谷底，爬到山坡上享用自己的早餐。成年野牛走在牛群的外围，啃食着较为粗糙的牧草，而才出生的小牛犊们则紧紧依偎在母亲的身边，享用着那些翠绿多汁的嫩芽。这些寡言少语却又秉性倔强的生灵们在自己的领地上，展示自己主人的身份，它们就是草原上的巨人——美洲野牛。

　　美洲野牛是北美最大的哺乳动物，其成年雄性身高约2.6~2.8米，体长2.1~2.5米，重450~1350千克。野牛的形象十分奇特，其头部硕大，前额凸出，而牛角却短而黑，身上是一层厚厚棕色卷曲的粗皮毛，头部比腰腿高得多，也重得多，毛发与男子的胡子相似，约有三分之一米长在下巴。

　　美洲野牛通常成群地生活，多在早晨与傍晚出去觅食，其余时间休息。它们经常在泥土中跋涉，喜欢土浴，躯体在大石头和树干上磨蹭借以除掉体外寄生虫。欧洲人发现美洲时，据估计北美约有6000万头野牛，生长地从墨西哥到加拿大，从东海岸到西海岸，它们成群迁徙，主要以森林和平原的树叶为食。

　　19世纪，由于遭到白人捕猎者为获取兽皮而进行的疯狂捕杀，它们几乎

濒临灭绝。现在则在美国国家公园，如黄石国家公园内受到保护，数目渐渐有所增加。美洲野牛像驼峰一样的肩部长满了长而蓬松的粗毛。春天时，长在身体后部及下部的柔软绒毛会脱落。大群美洲野牛在格雷特大平原上来回游荡。它们于冬季向南迁徙，夏季时又回到北方。它们是沿着被称为"野牛踪迹"的传统路线行进的。

另外，美洲野牛还是草原上的角斗士，两头成年的雄性美洲野牛打架的场面十分壮观。它们通常只在繁殖季节为了争夺与雌性的交配权而争斗，它们大声地吼叫，在尘土中打滚，继而摆动头部来摆开架势。这时，通常有一头野牛会让步，如果不让步的话，两头牛肯定就会打起来。它们把头猛地撞在一起，撞得一大堆的毛发在空中飞扬，美洲野牛的婚姻是一夫多妻制的，这也就是说一头雄性野牛会与几头雌性野牛交配，而且一般都是要守护到雌性野牛生下小野牛为止。

19世纪初期，北美洲大约有5000万头美洲野牛，1970年后只剩下大约1000头。如今的美国，只有在黄石国家公园和卡斯特州国家公园，才能看到大批野生美洲野牛。

第三章

草原肉食和杂食哺乳动物

在广阔的大草原上，你会看到这样的场景：短跑冠军猎豹奔跑如飞，突袭弱小动物；草原之王——狮子张开血盆大口，撕扯猎物；鼠类在匆忙地挖掘洞穴，或是搬运着越冬的食粮……它们都是生活在草原上的肉食和杂食性的哺乳动物。

美洲幽灵——美洲豹

中文名：美洲豹

英文名：jaguar

别称：美洲虎

分布区域：墨西哥至中美洲大部分地区，南至巴拉圭及阿根廷北部

美洲豹的毛色与金钱豹十分相像，身上有着斑块状的花纹。不过，它的躯体和四肢则比金钱豹粗壮，而且体色中有着比金钱豹更密的黑斑，尾巴则比金钱豹短。美洲豹是美洲大陆上最大的猫科动物，它的体型与虎类似，大小介于虎和豹之间。美洲豹一向以威猛凶恶著称，是小动物们的天敌。

美洲豹的足迹几乎遍布于整个美洲，从加拿大到阿根廷，都有它的踪影。研究人员发现，一只美洲豹平均每年要吃掉60只绵羊、100头山羊、12头牛，而其他小动物还不计在内。因此，它被视为美洲畜牧业最可怕的敌人。

美洲豹在猎食时，比非洲狮要机敏得多，而且它精力充沛，有不达目的不罢休的劲头。每当它发现猎物后，总是以轻盈的脚步偷偷地走到对方附近，然后再猛然跃起。若一扑未得逞，猎物逃窜，它会继续紧追不舍，直至咬住为止。美洲豹的爬树技术很高明，因此连树上的猴儿、鸟儿都难逃它的掌心。更厉害的是，美洲豹为了捕捉河对岸的动物或河中的鱼类，竟学会了一手高超的游泳术，可以轻松地横渡一条宽阔的大河，简直可称为"游泳高手"。

美洲豹喜欢在河湖之畔徘徊巡视，一遇机会，就机敏地向来河边饮水的鹿或其他动物猛扑过去。想吃鱼的时候，美洲豹可以一连数小时伏在岸上等待时机，鱼出现时，它就迅速用掌去捞鱼，有时还不惜下水去追逐龟鳖。

　　美洲豹的发情期一般在初春，没有固定的繁殖期。雌性美洲豹的妊娠期约为100~110天，每胎产2~4个幼仔，通常每隔一年或更长的时间才生育一次。美洲豹的幼仔在出生6个星期后就可以跟随妈妈外出狩猎，一年半后离开妈妈独立生存，在3~4岁时性成熟，但完全长成需要在5岁左右。美洲豹幼仔尚未成年时，雌豹会在它身边严密保护并悉心指导它。护犊期间的雌豹十分凶猛，会赶走或杀死一切侵犯自己领地的动物，包括雄性美洲豹。

　　雌性美洲豹会煞费苦心地教育自己的幼仔。它们首先会教自己的幼仔洗澡，从而使幼仔习惯在水中活动，以增强幼仔的游泳能力和肌肉弹性。同时，还要教会自己的幼仔在水中站稳，从而使幼仔了解水下光线折射的现象。雌性美洲豹总是时刻注意着自己的幼仔的发育情况，经常同幼仔做游戏，从而提高幼仔的力量和独立能力。当雌性美洲豹认为幼仔已经可以独立生存的时候，便放手让它们自由活动。野生美洲豹的寿命一般为18~20年。

短跑冠军——猎豹

中文名：猎豹

英文名：cheetah

别称：印度豹

分布区域：非洲草原

猎豹的体型比其他豹略小，头部有点像猫，四肢像狗，连特性也有点像狗，如会蹲着坐，容易驯服，忠于主人。3000多年前，人们把猎豹当宠物来饲养，它可以帮助人们做许多事。

猎豹全身覆盖着布满黑色斑点的金黄色皮毛，猎豹与其他豹类相区别的主要标志是一条位于它的眼睛至嘴巴处的明显的黑色条纹。

猎豹十分善于奔跑，它是陆地上奔跑速度最快的动物。猎豹的体格轻巧、腿长而纤细、胸膛窄而深、头部小巧精致而且呈流线形，这种身体结构能使猎豹的奔跑速度达到95千米/小时。

猎豹和其他猫科动物非常容易区分，这是因为它有着与众不同的特征，如灵活而修长的体格、小巧的头部、位置靠上的眼睛和小而扁平的耳朵。猎豹经常捕捉的猎物是瞪羚（特别是汤氏瞪羚）、黑斑羚、出生不久的黑尾牛羚以及其他体重在40千克以上的有蹄类动物。一只独立生活的成年雄猎豹捕猎一次就可以吃好几天，而一只带着几只小猎豹的母猎豹则几乎每天都要捕猎一次，否则食物就会不够吃。猎豹捕食的时候，先是隐蔽地接近猎物，然后在离猎物约30米的地方突然启动，迅速奔向猎物，这种迅速出击约有一半次

数以成功地捕获猎物而结束。

　　平均下来，猎豹每次奔跑持续约20~60秒，长度约170米。猎豹每次奔跑的距离不超过500米。如果与猎物的初始距离太远的话，它就很难捕到猎物了，这也是猎豹经常捕猎失败的原因之一。一般说来，野生猎豹每天要吃大约2千克的肉食。

　　在分娩之前，母猎豹要选择一处地方作为产崽的巢穴。一个突出地面的岩洞或一片生长着高草的沼泽地，都可能被选择用来作为巢穴。猎豹每胎会产下1~6只幼崽，每只的体重约250~300克。母猎豹都是在巢穴里给幼崽喂奶，当它外出捕猎的时候就把幼崽单独留在巢穴里，而雄猎豹是不负责照料小猎豹的。幼崽在前8个星期的时间里都是和母猎豹待在一起的。从第9周开始，小猎豹开始试着吃固体食物。到它们三四个月大的时候，就会断奶，但是仍然要和母猎豹待在一起。在14~18个月大的时候，它们就会离开母猎豹。

　　小猎豹们在一起互相玩耍打闹，并且在一起练习捕猎的技巧，它们练习的"道具"是母猎豹捕捉回来的仍然还活着的猎物。当然，如果这个时候它们单独捕猎，仍然会显得水平非常"业余"。出于安全保障的原因，同胞小猎豹发育到"青春期"之后，仍然要在一起再待上6个月。然后，"姐妹们"都会分离，各自过着自己独立的生活，而"兄弟们"则有可能一生都待在一起。成年母猎豹除了喂养小猎豹的时候和小豹待在一起之外，其余时间都是单独生活，而成年雄猎豹可能单独生活，也可能2~3只组成一个小的团体共同生活。

从基因多样性上来说，猎豹的基因多样性水平很低，这说明现代猎豹的祖先在0.6~2万年前可能是一个比较小的群体，这种遗传基因的单一形态可能会导致幼豹的大量死亡。因为一旦一种病毒找到了某种遗传隐性等位基因的弱点，并且攻克了一只幼豹的免疫系统，该病毒就会通过一些途径传染给其他的小猎豹，而小猎豹的基因序列差不多一样，这样就会攻破一个群体中所有小猎豹的免疫系统，从而导致小猎豹的大量死亡。一项初步研究结果表明，在北美猎豹繁育中心的保护区里，由于猎豹群比较封闭，缺乏与外面猎豹的联系，导致猎豹缺乏遗传基因的多样性，进而导致猎豹群疾病爆发，猎豹生育和捕猎出现困难。这就要求人们想出某种办法来使保护区里的猎豹走出困境。

但是，在完全野生状态下的猎豹与在保护区里的猎豹并不相同，它们的繁殖速度很快。野生母猎豹平均每18个月就生一窝幼崽。如果幼崽过早死亡的话，母猎豹就会很快地再生一窝，根本用不了18个月。在完全野生状态下生长的猎豹群很少爆发疾病，迄今为止还没有猎豹群大规模爆发疾病的报道。另外，野生的成年猎豹能够成功地克服交配和抚育幼豹的困难。因此，猎豹在保护区内出现的种种困难在野生状态下可能并不会那么严重，因此并不能证明遗传基因与生育困难有明确的关联。之所以在保护区内出现困难，大概是猎豹对新环境的适应能力不太好。由于人口扩张对猎豹栖息地产生了很大的影响，其他大型猫科动物也对猎豹的生存环境产生了巨大的影响和改变，而猎豹对于这些改变没有很好地适应。

对于大型食肉动物来说，猎豹幼崽的死亡率实在是很高。现在，人们发现这种高死亡率在很大程度上是由于其他更为大型的肉食动物控制的结果。例如，在坦桑尼亚的塞伦盖蒂平原，狮子经常跑到猎豹的窝里把小猎豹杀死，致使这一地区95％的小猎豹在没有长大独立生活之前就死了。在非洲所有的猎豹保护区里，狮子密度高的地方，猎豹的密度就低，这表明在物种之间存在着某种程度的生存竞争。

因此，从食物链上来说，猎豹处于食肉动物的中级，它的种群受到了更大型肉食动物的控制。对于猎豹的保护，仅仅在生态系统中去除其他顶级肉食动物是不行的，因为这样会产生新的生态系统变化。许多专为保护猎豹的国家公园和保护区里已经没有了狮子和斑鬣狗等猎豹的天敌，但是猎豹的数量仍然没有恢复到安全的水平，其中一个主要的原因就是人类活动的影响，所以还必须把人类的牧场和农田从保护区里撤出来。

兽中之王——狮子

中文名：狮子

英文名：lion

分布区域：非洲各地、南亚和中东地区

几千年来，凭借强壮和凶猛，狮子赢得了"兽中之王"的美誉。在古代的埃及、亚述、印度和中国，狮子的形象不断地出现在艺术作品中。

狮子属于猫科动物，有着柔韧、强壮、胸部厚实的身体，有着短而坚硬的头骨和下颚，这有助于它们很容易地捕食到猎物。狮子的舌头上长有很多能够帮助它们进食和梳理皮毛的坚硬的、向里弯曲的突起物。狮子主要靠视觉和听觉来寻觅猎物。和大多数猫科动物一样，成年雄狮的体重要比成年母狮重30~50%，体型上也更大一些，这似乎是为了争夺配偶。另外，在与其他狮子一起进食的时候，雄狮还可以凭借自己强壮的身体独占猎物，并且雄狮能捕获到比母狮捕获的大得多的猎物。

在猎物比较少的恶劣环境下，或者猎物比较大又比较危险的情况下，狮子会进行"合作"捕猎。另外，当一只狮子无法成功地进行单独捕猎时，狮子们也会"合作"。在进行集体捕猎的时候，狮子会有组织地进行，有些包围猎物，有些则切断猎物逃跑的退路。

但是在绝大多数情况下，一群狮子中只有一只或者两只真正在捕猎，其他的狮子只是在安全的地方观望。当猎物很容易捕获的时候（单独捕猎的成功几率大于或等于20%），它们就采取这种"不合作"的方式。尽管它们都很

想和同伴分享猎物，但是由于捕猎太容易成功了，同伴并不需要它们的配合，所以其他狮子只是在一边观望而已。

狮子在奔跑的时候，速度能够达到每小时58千米，但它们要捕捉的猎物的速度却能够达到80千米/小时。因此，它们需要悄悄地接近猎物，隐藏在距猎物15米的范围内，然后再突然冲出，抓住或拍击猎物的侧身。狮子捕猎的时候根本不考虑风向，甚至在逆风的时候成功率会更高一些。需要指出的是，狮子捕猎的成功率平均只有25%。它们先把大型猎物击倒，然后再咬紧猎物口鼻部或脖子，使其窒息而死。

狮子们经常会在分享食物的时候发生争斗，这时，狮子会一边用牙齿紧紧咬住猎物的尸体，一边用爪子用力地击打同伴的面部，甚至咬住对方的耳朵。通常，由于只是专注于咬住猎物不放，在这个捕猎成功的狮子进食前，它捕到的猎物的大部分却已经被别的狮子给分吃掉了。成年母狮每天需要吃5~8千克的肉，成年雄狮则需要7~10千克的肉。不过，狮子并不是有规律地进食，有的时候一头成年雄狮甚至会连续三四天每天吃掉多达43千克的食物。

　　狮子捕食最多的猎物是那些体重50~500千克的有蹄类动物，但是它们也吃一些啮齿类动物、野兔、小鸟、爬行动物等，有的时候，狮子也会捕食大型哺乳动物的幼崽，如幼象、幼犀牛等。尽管在白天，它们可以埋伏在水边，利用天气干旱猎物需要喝水的有利时机进行捕猎，但它们主要是在晚上进行捕猎。母狮捕捉最多的是小到中型的猎物，如疣猪、瞪羚、跳羚、黑尾牛羚以及斑马等动物。雄狮则喜欢捕捉一些体型大的、跑得比较慢的猎物，如水牛、长颈鹿等。

　　狮子的栖息地经常和其他肉食动物的栖息地重合，如豹子、野狗、斑鬣狗等，它们也都捕食大致相同的猎物。所有5种豹属动物捕食的猎物的体重一般都不小于100千克，如疣猪、瞪羚等，但是只有狮子捕捉大于250千克的猎物，如水牛、大羚羊和长颈鹿等。体型比较大而且喜欢在夜间行动的鬣狗在捕食方面是狮子强有力的竞争者，两者都喜欢捕食羚羊和斑马，但是狮子却一贯地喜欢偷吃鬣狗的猎物，而且雄狮尤其喜欢吃腐烂的猎物。狮子不仅喜欢"抢劫"豹子和野狗的猎物，而且有时还会直接吃掉豹子和野狗。这一情况经常发生在狭小的领地内，如果豹子和野狗数量很少的话，狮子就会向它们发起攻击进而吃掉它们。

　　在所有猫科动物中，狮子是最具有社会行为的，狮群就是一个小型的社会。最典型的狮群一般有3~10头成年母狮，一些需要母狮照料的幼狮，以及2~3头成年雄狮。人们曾经观测到，有些狮群甚至能达到18头成年母狮、10头成年雄狮的规模。与狼群或猴群不同，狮群的社会秩序很混乱。每头狮子并不是和狮群中的同伴一直保持联系，相反，每头狮子都可能独自活动几天甚至几个星期，而不与其他同伴联系。或者在比较大的狮群中，有几头会组织一个更小的次级群体，它们就生活在这样的次级群体里。

　　在保卫领地方面，母狮们更善于合作，但是在捕猎或是在喂养自己的幼仔的时候，这种合作的策略就会出现变化。当两个不同的狮群相遇的时候，有些母狮总是在前面带头，而另一些总是跟在后面"压阵"。当一个狮群达到某个数量的时候，或是在最需要的时候，某些母狮会表现得很活跃，它们是"临时的朋友"。当一个狮群中狮子的数量大大超过其对手的时候，某些母狮是最善于合作的，它们是"全天候的朋友"。

一般来说，当两个狮群相遇时，合作与否和狮子的数量有很大的关系，狮子数目多的那个群体能够压制那个比较小的群体。如果自己群体中母狮的数量比对手多至少2个，那么这个群体中的母狮就比较乐意合作。另一方面，对雄狮们来说，除非自己群体中的数量至少超出对方1~3个，否则它们是不会合作，一起去接近入侵者的。

一旦见到某个领地的主人，入侵者通常会立刻撤出。但是拥有这块领地的狮子却会对入侵者主动发起攻击，有机会的话，还会杀死入侵者中的一头狮子。可能大多数的狮子都会在群体间的血腥厮杀之中死亡，不管是单打独斗，还是"群殴"。在大多数旨在杀死对方的撕咬中，狮子们都会直接咬向对方的后脑或脊椎。

如果狮群中狮子的数量和食物的丰富程度不同，那么狮群领地的大小就会有所不同。一般来说，狮群的领地大概在20~500平方千米之间。一个狮群的领地可能与它们相邻的狮群的领地有部分重合，但是，双方都会尽量避免进入对方的核心领地。

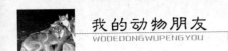

濒临灭绝的狮——亚洲狮

中文名：亚洲狮
英文名：Asiatic lion
别称：印度狮
分布区域：仅存于印度西部

  亚洲狮是一种唯一生活在非洲以外的狮子。它的毛皮比非洲狮蓬松，尾巴端的穗及肘上的毛发较长，腹部都有明显折叠的皮肤。亚洲狮是所有狮子亚种中相对较小的一类，雄狮的体重约为160~190千克，雌狮的体重约为110~120千克。据科学纪录，最长的雄狮体长2.92米，肩高为1.07米。

  亚洲狮是群居动物，平均每个亚洲狮群里面只有两只雌狮。雄性亚洲狮一般独自往来，只有在交配或猎食大型动物时，才会与狮群联系。狮群的大小与其猎物的体型有关，因为亚洲狮所要捕获的猎物没有非洲狮群所要捕获的大，所以亚洲狮群里的狮子数量没有非洲狮群多。亚洲狮主要以水鹿、花鹿、蓝牛羚、印度瞪羚、野猪及家畜为狩猎对象。

  在亚州狮群中，捕食的工作大多由母狮来完成，雄狮则坐享其成。亚洲狮群在捕食时，会先由一头狮子将猎物赶到其他狮子的下风，然后所有狮子再一起扑向猎物。吃饱后，亚洲狮需要喝大量的水，而亚州狮生活在相对干旱的热带季风气候区，因此，亚洲狮在捕食后常需到很远的地方才能找到水源。在热带季风气候的恶劣条件下，亚洲狮不仅饮水困难，还很难捕食到猎物，因此，亚洲狮的幼仔成活率很低。有时候，它们还会吃动物腐尸。

  雌性亚洲狮2.5岁时就可以达到性成熟，而雄性亚洲狮则需要4年。亚洲

狮在10~11月开始交配。雌性亚洲狮的妊娠期一般为100~119天。雌性亚洲狮每胎产2~3只幼狮，但幼狮的成活率很低，一般只成活1仔。幼狮3个月大的时候便可同母亲一起参加狩猎活动，到6、7个月大的时候，就基本断奶了。亚洲狮的幼狮一般会同母亲一起生活2年。

　　自从英国把印度变成自己的殖民地后，亚洲狮的厄运也随之开始。英国殖民者将猎杀亚洲狮视为一种娱乐。经过了人类100多年的捕杀，亚洲狮已经成为濒危物种，为了不使亚洲狮彻底走向灭绝，人们开始人工饲养亚洲狮。现在，野生亚洲狮已经绝迹，印度西部的吉尔森林中有亚洲狮保护区。但这些人工饲养的亚洲狮极容易受疾病和基因的影响而导致全部灭绝。

非洲的众兽之王——非洲狮

中文名：非洲狮

英文名：African lion

分布区域：撒哈拉沙漠以南的热带草原和荒漠地带

非洲狮是体格强壮的大型猫科动物，自古以来就被称为"丛林之王"。非洲狮喜欢在大草原上生活，它们黄褐色的皮毛同草原背景浑然一体。因此，如果不仔细辨别，白天也很难发现它们的踪影。

非洲狮通常捕食比较大的猎物，例如野牛、羚羊、斑马，甚至年幼的河马、大象、长颈鹿等，当然小型哺乳动物、鸟类等也不会放过。有时它们还会仗着自己块头大，顺手抢夺其他肉食动物的战果，比如一只在错误时间出现在错误地点的豹或鬣狗，甚至为此不惜杀死对方。另外，它们在食物匮乏的情况下还会吃动物腐尸，甚至野果。

在非洲草原上，非洲狮并非十分成功的捕猎者，但根据地形、喜好和猎物的不同，非洲狮会采取不同的捕猎技巧以便获取猎物。雄狮通常独自在晨昏时潜藏在较高的草丛后面等待前来吃草的动物，而雌狮在追捕猎物时一般会用群体出击的策略。

雌狮与雄狮在体型和毛色方面都存在着差异。雄狮的体型比雌狮大，体毛短，颜色从浅黄、橙棕或银灰到深棕色各异，而雌狮的体毛则带有茶色或沙色。当然，它们最显著的区别还是在于雄狮有美丽的鬣毛，看上去十分威严，而雌狮却没有。

非洲狮具有极强的群体意识，是猫科动物中唯一过群居生活的。与其他

等级制度严明的动物不同的是，同一个狮群的雄狮和雌狮权利平等。它们大部分时间都能和睦相处，只有在分配猎物时，雄狮才会表现出比雌狮更强的主导姿态。

我们总能看到雌狮们在辛苦地捕猎，而雄狮则待在"家里"，过着"饭来张口"的生活。所以，有人会认为雄狮是非常懒惰的。其实，事实并非如此。在一个狮群中，成年的雄狮和雌狮是有分工的。雄狮体格魁梧，是狮群的保卫者，负责整个狮群的安全。雌狮则主要承担捕猎和繁殖后代的任务。

母狮基本是自出生起直到死亡都稳定地待在同一个狮群，当然狮群也会接纳新来的母狮。但公狮在一个狮群通常只待2年，不过也有长达6年的记录，这是因为公狮通常会被年轻力壮且更有魅力的雄狮赶走。

狮群也会把刚成年的青少年雄狮强制赶走，因此，草原上总会有一些无家可归的雄狮，这些雄狮里有涉世未深的青少年、有处于壮年依然散发着魅力的冒险家，还有战败后被赶走的老头子。这些流浪雄狮有时独自行动，有时会联合起来组成一个小团队，在草原上四处游荡，追踪迁徙的猎物群，直到其中的成员征服了另一个狮群为止。因此，狮群中的雄狮们要经常与草原上游荡的"流浪汉"们做斗争。

草原守护神——狼

中文名：狼

英文名：wolf

分布区域：世界各地

狼是一种凶猛的食肉动物，长相与家犬十分相似，但狼的嘴比较尖，耳朵是直立的，尾巴下垂。狼的皮毛颜色有很多种，白色、灰色、黑色的都有。当然最多的还是灰色，而且会带着黑色的斑点。

狼捕食猎物的范围非常广，而且大部分猎物的体型都比狼自身要大。它们的主要猎物是大型的有蹄类动物，如驼鹿、麋鹿、鹿、绵羊、山羊、北美驯鹿、麝牛和美洲野牛属的两种野牛等。尽管狼有足够的能力杀死成年且健康的大型猎物，但是据专家们在野外进行的多项调查显示，它们杀死的猎物中有60％以上是幼小、病弱或年老的动物。由于狼有很高的警觉性，善于观察形势，所以人们很难直接观察到它们的捕食行为，专家调查到的结果中显示的狼捕食老弱病残猎物的比例可能比实际要低。实际上，身体健壮的猎物往往能逃脱狼群的追捕，甚至有时还能在与狼群的战斗中占得上风，如驼鹿、美洲野牛、麋鹿和其他鹿偶尔会占据比较高的有利地形，甚至会杀死追捕它们的狼。

有时，狼不会捕捉一些小型的哺乳动物作为食物的补充，如野鼠、河狸和野兔等。在某个季节，如果可能的话，狼还会以鱼类、浆果甚至腐肉作为食物。在加拿大北极地区栖息的狼，夏季会以小型哺乳动物和鸟类为食，因为这时它们的主要猎物——美洲野牛会迁往南方。每到夏天，北极地区的狼群就会解体，除了一些个体与处在生育期的一对头狼保持松散的联系之外，其他的个体都会离开。当野外的食物很少时，狼甚至也会跑到人类居住区的附近，在垃圾堆里捡一些腐肉和人类扔掉的其他东西来吃。在欧洲的罗马尼亚和意大利一些城镇的近郊，就会时不时地跑来一些野狼，"打扫"人类丢弃的腐肉。

　　尽管狼的行为存在着某种程度的差异，但是也表现出了高度的相似性，它们都通过视觉、听觉和嗅觉来保持联系。与家犬一样，当狼翘起尾巴、竖起耳朵，就表示它正在保持高度的警觉，而且准备好了要发起进攻。狼的面部表情，特别是嘴唇的位置以及是否露出牙齿，是最显著的交流信号。如果狼翘起嘴唇、露出牙齿，就表示它们在互相联系。狼发出的声音包括以下几种：长而尖的叫声、短促而尖厉的吠声、刺耳短促的咆哮声和长长的嚎叫声。这些声音能传到8000米远的地方，狼能通过这些叫声来保持联系。当年轻的小狼单独行动的时候，它们会压低自己的嚎叫声，使得这种声音更像是一只

成年狼发出的，这样可以减少一些危险。狼的尿液和其他排泄物会散发出气味，而且可以表明这只狼在狼群中的地位、身份和它的生育情况，也可以表明这块领地的占有情况。狼的尾巴上靠近臀部的地方有一个腺体，可以发散出一些化学物质，这种化学物质也是狼进行联系的手段。

狼的智商相当高，集体生活的程度也非常高。尽管存在着一些单独生活的狼，但是大部分的狼都生活在狼群里。狼群基本上是一个扩大了的"家庭"，通常有5~12名成员，具体的成员个数由食物的丰富程度决定。在加拿大西北部的栖息地里，有时候一个狼群的成员个数很多，特别是在捕食大型的北美野牛的时候，参加进来的成员个数能达到20~30名。

一个狼群通常包含这么几种成员：占主导地位的一对狼"夫妻"、几个狼崽、前两年出生的年轻小狼，以及其他一些有血缘关系的狼。很显然，这个狼群的核心就是那对狼"夫妻"，它们常常负责交配和生育后代，一般每年都会生育一窝幼崽。尽管小母狼在出生10个月之后就能怀孕生崽，但是大部分的狼都会在出生22个月之后才交配生育。

狼群的社会等级结构非常严格。通常，母狼和公狼有各自的等级体系，每只母狼或公狼都知道自己在各自体系中确切的地位，但是由于生育关系的不同，狼群中的交配关系比较复杂。母狼等级体系中有一只地位最高的母狼，公狼等级体系中也有一只地位最高的公狼，地位最高的母狼或公狼充当这个狼群的最高首领。狼群中这个最高首领的责任包括：维持狼群的等级次序，决定捕猎的地点方位等。需要指出的是，狼群的等级次序并不是一成不变的，狼之间存在着激烈的竞争，尤其是在每年冬季狼交配怀孕的季节里，竞争会更加激烈，最后会导致狼群权力结构的"重新洗牌"。

两个狼群相遇的时候，极有可能爆发一场"战争"。一场战争的典型场景之一就是：一只将要死的狼倒在战场上，发出最后的吼叫，然后死去，战争也以这种残酷的场景结束。但是这种破坏力极大的相遇非常少，为了尽量减少这种相遇，狼群常常严格限制自己的活动范围，在一个相对"排他性"的领地内活动。领地范围一般为65~300平方千米，不过领地最外面宽1千米左右的地区是和相邻的狼群或单独行动的狼共同拥有的。狼很少到这

　　种领地外围地区，因为到这个外围地带就难免要碰上敌对的狼群，这是相当危险的。

　　为了进一步减少"战争"爆发的危险，狼常常在领地上制作出许多气味标记。在狼群活动的路上，为首的狼会向一些物体或在明显的地方撒尿做出气味标记，平均每3分钟就撒一次尿。领地四周的气味标记密度通常是领地内部的两倍，这是因为领地的四周常常有陌生的狼做下的标记，为了使自己的标记超过陌生者的标记，它们会加快在领地四周做标记的频率。这些领地四周高密度的标记，不管是自己做的还是陌生者做的，都有助于一个狼群认出自己领地的范围和四周的边界，这样就会减少进入危险地带的机会，从而减少狼群之间发生残酷战争的几率。

　　当然，只有气味标记并不能完全避免两个狼群无意的相遇。当两个狼群同时在领地共同的边界上巡逻的时候，它们之间的相遇就很有可能了。在这种情况下，狼群可能要发出嗥叫声，以示警告，但这却是一个非常危险的策略。因为嗥叫的时候就难免被对方听出音量的强弱，进而判断出嗥叫的狼群成员的个数以及狼群实力的大小。如果对方的成员多于嗥叫一方狼群的数量，而且对方具有侵略性的话，仍然会招致一场"战争"。因此，只有在极少数的

情况下，狼群才会发出嗥叫声，而且在嗥叫的时候，每个成员都要一齐发声，尽量不让对方听出来自己的实力。对方狼群如果觉得有足够的实力抗衡，或者正在防卫自己的资源而且不准备放弃的话，就会对正在嗥叫的狼群也发出嗥叫进行回应。

草原杀手——斑鬣狗

中文名：斑鬣狗

英文名：spotted hyena

别称：斑点土狼

分布区域：非洲

　　斑鬣狗身长95~160厘米，尾长25~36厘米，重40~86千克。雌性个体明显大于雄性。其毛色为土黄或棕黄色，带有褐色斑块。上额犬齿不发达，但下颌强大，能将9千克重的猎物拖走100米。

　　斑鬣狗常见于视野开阔的生存环境，如长有仙人掌的石砾荒漠和半荒漠草原、低矮的灌丛等。它们成群活动，每群约80只，雌性个体在群体中占优势。斑鬣狗性凶猛，可以捕食斑马、角马和斑羚等大中型草食动物。其进食和消化能力极强，一次能连皮带骨吞食15千克的猎物。它们善奔跑，时速可达40~50千米，最高时速为60千米。

　　斑鬣狗是鬣狗科中体型最大的一种，也是最著名和捕食性最强的一种，可以成群捕食较大的猎物，是非洲除了狮子以外最强大的肉食性动物。斑鬣狗是夜行性猛兽，它们白天在草丛中或洞穴中休息，夜间出来四处游荡，到处觅食。它们单独地、成队地或几只一起去猎食，有时40~60只一起有组织地对大动物斑马、野牛等进行围猎。

　　当斑鬣狗集体捕获猎物时，它们就会一拥而上，同时撕咬猎物的肚子、颈部、四肢及全身各处。为了防备狮子前来掠夺它们的食物，整个族群的斑

鬣狗就一起狼吞虎咽地分享这份大餐。数十分钟内，猎物便被它们分食得干干净净。

通常，捕获猎物之后，斑鬣狗会兴奋地争食。在进食过程中，它们会发出一种类似人发出的"吃吃"发笑的声音，这一声音往往会把狮子引来，从而引发悲剧。狮子赶走了斑鬣狗，吃着它们辛辛苦苦捕获的食物，而斑鬣狗却只能在一旁围观、等候。人们看到这一幕，便错误地认为，斑鬣狗是在专门等着捡狮子没吃完的剩肉。

多年来，人们都认为斑鬣狗是"委琐胆小、令人讨厌的家伙"，这种看法实际上是错误的。其实，斑鬣狗是一种相当强悍的中型猛兽，它们会集体猎食瞪羚、斑马、角马等大中型草食动物，甚至可以联合起来杀死半吨重的非洲野水牛，并非是依赖吃狮子吃剩的残骸和尸骨果腹生活的弱者。

斑鬣狗捕食时根据不同的情况，采用不同的战术。它们往往在夜间袭击角马群，以40~50千米的时速追逐2~3千米后，便冲散马群，迅速围上一只角马，用强大的犬齿咬住角马的鼻子、腿或腰部，死死不放，直到角马窒息而死。

对付斑马，斑鬣狗也是依靠集体的力量。在碰到斑马群的时候，它们往往很冷静，缓缓地保持一定距离，在斑马群中穿行，伺机而动。由于雄斑马有很强的抵抗能力，而且拼命地保护母斑马和小斑马，所以斑鬣狗得手的机会不是很多。然而，一旦有老弱斑马单个落入它们的包围圈，生还的机会就很小。

斑鬣狗喜欢群体生活，大的群体有上百只，小的则有十几只，每群的首领是一个体格健壮的雌性斑鬣狗。斑鬣狗有着等级森严的社会组织，觅食时，作为"母首领"的斑鬣狗总能理所当然地得到一块最大、部位最好的肉食。因此，有人认为斑鬣狗群是母系社会。

彩色猎手——非洲野狗

中文名：非洲野狗

英文名：African wild dog

别称：非洲猎犬、三色豺

分布区域：非洲、半沙漠地带、高山区、非洲稀树草原、林地等

　　非洲野狗是非洲犬科动物的代表，它在食肉类动物中也是比较特殊的。野狗的口鼻部很短但强而有力，牙齿特别锋利，最后一对臼齿发育不完善。与其他犬科动物不同的是，它们前蹄上的第5个趾（后侧的悬趾）已经完全消

失。非洲野狗的耳朵比较有特色，又大又圆，不但能够起到降温的作用，而且特别灵敏，能听到很远的声音，有利于它们互相之间保持联系。野狗群开始捕猎后不久，一些成员可能会离其他的成员比较远。这个时候，野狗群就会发出轻柔而有特色的"呼呼"声，召唤离群较远的成员过来。野狗在2千米以外的地方都能分辨出这种声音来。野狗群在分散追踪猎物、相隔比较远之后，就会发出这种声音以重新集合在一起。

尽管非洲野狗捕猎主要依靠的是视觉，但它们却常常在光线比较弱的黎明或黄昏的时候进行捕猎活动，以充分利用凉爽的天气条件。当夜晚月光比较明亮的时候，它们也会出去捕猎。非洲野狗群有时可能在一天内集合出去捕猎两次，但是平均来说，如果能捕猎成功的话，它们每3天才会捕猎两次。

野狗的捕食种类非常广，有野兔、水牛的幼崽、斑马等动物，它们最愿意捕捉的猎物是中等体型的羚羊。在南非，黑斑羚占到了野狗食物总量的85%。某些非洲野狗群特别愿意捕食某个种类的猎物，而其他野狗群却未必愿意捕食这种猎物。例如，在塞伦盖蒂，人们知道有两群野狗特别愿意捕食斑马；又比如在博茨瓦纳北部，疣猪和鸵鸟比较少见，但是有少数几个野狗群捕食这两种动物的技术却非常高超，可见这几群野狗特别愿意捕食疣猪和鸵鸟。

在炎热的白天，非洲野狗会在某个比较凉爽的地方休整；一旦要开始捕猎，它们就会结束昏睡状态，集合在一起。一开始，它们会互相打招呼问候，举行一个行礼似的仪式，最后以互相舔对方的脸部来结束仪式。然后，年轻的野狗会大声地发出呼啸声，这会使整个捕猎群体兴奋起来，它们可能是通过这种方式来为自己的"团队"壮声势吧。之后，通常由1~2只年龄比较大的野狗来选定捕猎的方向，然后，野狗群就会朝着这个方向行进。其他的野狗跟在那一两只为首的野狗后面，排成一个松散的阵势前进。几分钟后，它们开始稳健而不费力地一路小跑，在比较凉爽的天气中，它们可以保持这种步态好几个小时。

一般来说，野狗捕猎并不会事先制定目标，而是碰见什么猎物就捕什么猎物。但是有的时候，它们在追捕之前会选定一个潜在的目标，然后偷偷地接近这个目标。它们会把耳朵放平，眼睛死死地盯住那个目标。在这种情况下，如果那个目标猎物突然跑开，为了不使猎物逃脱，野狗们就会主动追击。在通常情况下，野狗群会选定好几个目标，比如好几头黑斑羚，并分别追击不同的目标，这样就能同时捕获1头以上的猎物。对于非洲野狗来说，组成群体来共同捕猎有很多益处，不仅仅是为了提高捕猎的效率。

野狗的捕食方法主要是一直追着猎物跑，最后等到猎物没有力气再跑的时候，一只野狗就会在适当的时候从侧面冲上去，把猎物扑倒在地上。在灌木林地带，一只野狗常常能够单独杀死一只猎物，然后轻易地回到群中。

不管是捕猎、休息，还是出行和生育后代，非洲野狗都是在群体中进行的。一个野狗群平均有七八只成年野狗，但是可能包含2~30只未成年和刚出生的野狗。有的时候也会有超过50个成员的群体，但是通常维持不了几个月。三四窝小野狗出生后渐渐地长大，在这之后，一个野狗群可能会有超过30个成员，这个时候，这个群体就会发生分裂。分裂通常发生在一年的年中，要么分成两个群体，每个群体里雌雄两性都有；要么是几个同性的成员集体离开，但是后一种分裂方式更为普遍。

当离开的一群母野狗加入到一群陌生的雄野狗的小团体时，一个"正规"的非洲野狗群就组成了。在这样一个新组成的群体中，平均有2只雌性野狗，这两位来自于一个共同的群体并且常常是同一胎中的"姐妹"；平均有3~4只雄性野狗，也是来自一个群体的"兄弟"。这个新群体成立不久，就要产生一雌一雄两只为首的野狗来领导这个新群体。偶尔，这个新群体的雌性成员和雄性成员没有很好地融合，群体功能发挥不出来，雌雄之间就会重新分裂，各自走开。不过，在更多的情况下，它们总是能很好地融合，并且让这个群体兴旺起来，然后占据一块属于它们自己的领地。

非洲野狗的交配有特定的季节，而生殖繁育权力通常垄断在居于主导地位的一对野狗"手上"。一些居于次要地位的成年野狗可能终生都能生育自己的孩子，不过它们每年都可以帮助照料"首领"的孩子。事实上，它们在血缘上通常是幼崽的亲"叔叔"或"阿姨"。在进化过程中，通过成活下来的幼崽而使得自己的遗传基因间接地传下去，所以它们照料幼崽也能获得自己的利益。野狗常常要找一个合适的洞穴来作为"生儿育女"的场所，某个土豚

挖的洞穴或豪猪挖的洞穴常常被选中作为"产房"。一般一个新群体在组成70天后，幼崽就出生了。非洲野狗是犬科动物中最高产的一种动物了，每胎平均会生育10只幼崽。

幼犬出生四五个星期后，就开始吃"长辈"给它们"反刍"出来的肉食，在10个星期左右时就可以完全断奶。在出生后14~16周的时候，它们就会跟着成年野狗出去捕猎，但是需要成年野狗特别的照料。一旦迷路，它们往往会被成年野狗及时地找回。当成年野狗捕到猎物后，年幼者也会及时地被引到猎物面前，分到其中的一份。这个时候，成年野狗总是让它们先吃，等它们吃饱后，成年野狗才接着分吃剩下的那些食物。

如果一个地方的猎物很丰盛，那么在这个地方一个野狗群只占有400平方千米的领地就够了。如果一个地方的栖息地很不理想，则一个野狗群要占有2000平方千米的领地才能维持生存，而且这种情况并不少见。

现在全部的非洲野狗估计不足5500只，它们常常受到人类的伤害，甚至会被开过的汽车轧死。野狗极易受到流行病的困扰，尤其是狂犬病一来，它

们就会大量死亡。由于人口不断扩张，其栖息地正在不断缩小。另外，狮子也是它们的一个巨大威胁，因为狮子常常会捕食非洲野狗。

非洲野狗需要大块的地盘来捕猎借以维持生存，但是在它们的地盘上，常常会与一些没有地盘的家畜不期而遇，也就是说，这个地方已经有人类的活动，这也意味着非洲野狗快要遭殃了。

现在在非洲东部和南部，有分隔开的几个大的种群，总数还比较多。同时在撒哈拉沙漠周围，还有几个小的种群。要想使非洲野狗继续生存下去，就必须对它们实行直接的保护，杜绝人类对它们直接的迫害。在非洲野狗栖息的几个国家里，要想使它们生存并兴旺起来，就必须考虑到野狗的特殊需求，对它们的栖息地进行综合管理。

专吃蚂蚁的动物——大食蚁兽

中文名：大食蚁兽

英文名：giant anteater

分布区域：美洲部分地区

大食蚁兽属于贫齿目食蚁兽科，是食蚁兽的一种，主要以蚂蚁和白蚁为食。在地面活动，生活于森林、草原和沼泽地岱等多种生活环境中，是美洲所特有的奇特动物之一。

大食蚁兽没有牙齿，但舌头特别灵活。舌头上有黏性极强的唾液，正好用来舔食蚂蚁，一天最多可食3万只昆虫。大食蚁兽在现存四种食蚁兽中体型最大，体长可达1.8~2.4米，体重通常为29~65千克。体毛长而坚硬，可长40厘米，尾部密生长毛，头细长，眼耳极小并吻成管状。

大食蚁兽的眼睛极小，视觉很不发达。它的行动主要依靠灵敏的嗅觉，其嗅觉之敏锐，胜过人类40倍以上。

大食蚁兽的前足除第五指外，均具钩爪，后肢短，五爪大小相仿。体灰白色，背面两侧有宽阔的黑色纵纹，纹的边缘白色。平时，它用利爪来捣毁蚁窝、剥树皮或攻击敌人。行走的时候，它把爪背着地面来保护利爪。

大食蚁兽尾巴的长度在0.6~0.9米之间，占身长的一半还多。睡觉时，它会用长着长毛的尾巴盖住身体，就像盖了一条暖和的大棉被一样。

食蚁兽虽说貌不惊人，专食"弱小"，但它们绝非等闲之辈。无论遇到多么强大的对手，它都不肯轻易束手就擒，连美洲狮、美洲虎都不敢小瞧它。

当被敌人追赶时，大食蚁兽会突然转身，与敌人抱在一起，然后用利爪猛刺敌人。

如果遇到危险，大食蚁兽就疾走逃遁，动作十分难看。若实在逃不脱时，它就用尾巴坐在地上，竖起前半身，用前足坚强有力的钩爪进行反击，同时口中还会发出一种奇特的哨声威胁敌害。

大食蚁兽每年春天生殖，雌兽每胎产一仔。哺乳期间，母兽对幼兽精心照料，常把幼兽放在背上，形影不离，直到母兽再次怀孕为止。大食蚁兽雌兽的妊娠期约为190天，每胎仅产1仔，一般在春季出生。幼仔出生以后，雌兽对它进行十分精心的照料，常常将它驮在背上，形影不离，一直带到第二次怀孕为止。幼仔9个月后体型接近成体。其寿命为14年，人工饲养可达25年以上。

大食蚁兽栖息地的一些肉食性动物对大食蚁兽构成极大威胁。人类也曾对大食蚁兽进行过大肆捕杀，所以它的数量已经很少了，目前已被列为濒临绝种的动物。

草原勇士——蜜獾

中文名：蜜獾

英文名：honey badger

分布区域：非洲、西亚及南亚

蜜獾是鼬科蜜獾属下唯一一种动物，生活在各种植被类型的地带，包括开阔的草原及水边，雨林中也可以见到。

蜜獾一般在黄昏和夜晚活动，常单独或成对出来，白天在地洞中休息。其体型与鼬科动物相近，身长52.5~80厘米，尾长23~30厘米，体重4.1~11.8千克。它的皮毛松弛而且非常粗糙，毛色深褐或灰色，喉部及臀部具有白色块斑，背部为灰色，吻为浅粉色。

蜜獾有着相当厚实的身体，宽阔的头部，小小的眼睛，平钝的鼻子，以及从外观上几乎看不出来的耳朵，腹部长有育儿袋。蜜獾的雄雌体型差异很大，雄性的体重比雌性重，约为雌性的2倍左右。蜜獾有着柔软、韧性十足的手指，可以做出一些令人瞠目结舌的高难度动作。蜜獾的嘴巴张开之后，可以形成180°的角。

蜜獾的食物多种多样，是杂食性动物。它的食物包括小哺乳动物、鸟、爬虫、蚂蚁、腐肉、野果、浆果、坚果等。蜜獾的胃口十分好，从不挑食，有什么就吃什么。蜜獾是出了名的贪吃，从不放过任何一个美餐的机会，它可以在30分钟之内吃下差不多相当于自己体重40%的食物。因此，蜜獾常常在可以发现腐肉的农田附近游荡。

　　蜜獾少言寡语，羞涩怕人。一般等到夜里大家都睡了才外出觅食，而且都是独来独往。蜜獾安分守己，不愿招惹是非，会尽量避免与其他动物发生冲突。它们以腐肉为食，偶尔也会大吼一声，去攻击年幼或受伤的动物，尝尝鲜物。不过，它最喜欢吃的是蜂蜜。它与黑喉响蜜鴷结成了十分有趣的"伙伴"关系。响蜜鴷一见到蜜獾就会不停地鸣叫借以吸引蜜獾的注意力，蜜獾循着响蜜鴷的叫声跟着它走，同时也发出一系列的回应声。蜜獾用其强壮有力的爪子扒开蜂窝吃蜜，而响蜜鴷也可分享一餐佳肴，因为响蜜鴷自己是破不开蜂窝的。

　　最让人不可思议的是，一只大蜜獾可以在半小时内吞下一条2米长的大蟒蛇，即使是有毒的南非眼镜蛇和蝰蛇，蜜獾也能不费太大力气就得手。蜜獾似乎对最毒的毒蛇都有很强的抵抗力，就算毒蛇能咬到蜜獾也没什么用，它仍然会被蜜獾吃掉。直到现在，科学家还没有破解蜜獾不怕毒蛇的秘密。

　　生活在非洲撒哈拉沙漠的蜜獾非常善于挖洞，常在白天觅食。蜜獾十分凶猛，不惧任何动物。因为蜜獾的皮毛光滑，韧性强，很难伤到体内。即使被非洲豹捉到，也要花近1小时的时间才会被制服。

蜜獾是现存的撕咬力量最大的哺乳动物。一只6千克重的蜜獾能够杀死30千克重的袋熊，它的撕咬能力是狮子的3倍。不过蜜獾也并非所向无敌，它们常常死在狮子和猎豹的手上。

蜜獾是一种喜欢独来独往的动物，只有到发情期才肯聚在一起。它们活动的范围很大，一只雄性蜜獾每小时能轻轻松松地奔跑9.6千米，领地可达1000平方千米以上，雌性蜜獾要比雄性蜜獾小一些，领地可达50~300平方千米。

蜜獾的繁殖期在每年的3月份，蜜獾的妊娠期很长，大概有120天左右，蜜獾产下的幼仔一般为1~3只，多的时候可达4只。刚出生的幼仔被放在育儿袋中以便于其吸吮乳头，直到3个月后才放开。105天后，幼仔离开育儿袋，但蜜獾的整个哺乳期长达8个月。雌性幼獾2岁性成熟，开始进行繁殖。

雌獾在发情期及喂养幼仔的时候，会严密捍卫自己的领地，以防其他雌獾来犯，并且严防第三者插足。妊娠期的雌性蜜獾每三五天就要换一个新的洞穴，然而，一旦幼仔可以自己行走的话，为降低被捕食者发现的几率和可以寻找更多的食物，母蜜獾和幼仔就会分居。

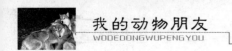

披着铠甲的猪——犰狳

中文名：犰狳

英文名：nine-banded armadillos

别称：披甲猪

分布区域：南美洲和中美洲

犰狳怪模怪样，简单地讲，它的长相介于穿山甲和猪之间，属于贫齿目犰狳科。犰狳的头骨长，背腹偏平。牙齿随年龄增长而部分丢失。上体两侧和四肢外侧常覆盖着骨板与鳞板，构成保护躯体的盔甲。这一盔甲由几列可动的横带分成前后两部，横带间由弹性皮肤连接，可将身体蜷缩成球状，以防御天敌的侵害。犰狳耳小，舌能伸缩，四肢很结实，前后足大而有钝爪。大犰狳是最大的种类，重达60千克，最小的小犰狳仅有120克。

犰狳最明显的特征是它的一副鳞状铠甲。犰狳御敌时，厚厚的角质鳞甲像刺一样有效。这副甲胄就是犰狳存活至今的重要因素之一。这副甲胄包括由鳞状角质化表皮包裹的骨质薄片。犰狳以坚硬的骨质甲片全副武装，是现存背负甲片最重的动物。在它的肩部、臀部、尾部和腿的一部分，都布满了甲片。甲胄上有一系列的皱裂，使身体可以在自由移动中随意弯曲，尽管这套甲胄使犰狳行动起来步态僵直、古怪。在它覆盖着铠甲的头部长着两只特大的耳朵。犰狳的下腹部和腿内侧没有这种独特的甲胄，但是有厚厚的表皮包裹。

为了生存，除了犰狳身上长有御敌的甲胄外，还有杂食性、夜行性和穴

居等有利习性。犰狳的洞穴一般都很狭窄，截面为圆形。通常其洞穴有几处分支，其中的一个终止在一个巢穴处，巢穴里面铺着柔软的树叶和干草。白天，犰狳躲在自然形成的洞穴或自掘的洞穴里。一只身强力壮的犰狳能打几个洞穴，每个洞穴又都有几处出口。这些洞口隐藏在树根间、空树干里或堤脚下。

犰狳可涉水，能在浅水中跋涉。如果河流较窄，犰狳就深吸一口气，潜进水中，从河底爬到对岸；如果河宽，它就吸入空气，让肚子涨满，然后游过去。

犰狳的食性和运动没有更引人注目的特殊化。它主要以昆虫为食，不过在昆虫食物供应不足的情况下，犰狳就会增加觅食时间，连白天也外出活动，觅食对象也扩大到无脊椎动物和小型脊椎动物，也吃点植物性食料。

雌雄犰狳通常占据不同的领地。可是当夏末交配季节到来时，雄犰狳就出发去寻找雌性配偶，交配后它们就分道扬镳，互不相干。犰狳在孕期有一种独特的生理机能，一个受精卵会很快分裂为独立的两个，然后再分裂为独立的四个——四个受精卵具有相同的染色体结构，然后停止这种分裂，之后在输卵管中它们"畅游"一个月左右进入子宫。一般同一胎出生的幼犰狳都具有同一性别。

犰狳一般在每年三月或四月生下幼仔,这时候有着相当丰饶的昆虫食物。小犰狳在刚出生时身体发育就已经几乎完成,各方面都和成年犰狳没什么不同,只是身体大小略有区别。小犰狳有着易于弯曲的柔软甲胄,然而,随年龄的增加,铠甲会越来越硬。小犰狳在出生几个小时后就可以跟着妈妈去觅食了,但是两个月后才能断奶,那时它们就各自外出寻找自己的领地去了。小犰狳在两三岁时就可以达到性成熟。犰狳的寿命一般为10~15年。

犰狳自然御敌能力有三招:逃、堵和伪装。

"逃"。犰狳逃跑的速度相当惊人,且具有令人吃惊的嗅觉和视觉,若受到惊吓时,它会以极快的速度把自己的身体隐藏到沙土里。别看它的腿短,掘土挖洞的本领却很强。

"堵"。当它逃入土洞以后,用尾部盾甲紧紧堵住洞口,好似"挡箭牌"一样,使敌害无法伤害它。

"伪装"。伪装就是前述的蜷曲法,即把腿缩在身体下面,全身蜷缩成珠形,趴着不动,身体被四面八方的"铁甲"包围,让敌害想咬它却无从入手。

鼠类天敌——艾虎

中文名：艾虎
英文名：fitch
别称：艾鼬、地狗
分布区域：欧洲、西亚

艾虎属于鼬科鼬属的小型毛皮动物。体型像黄鼬，主要以小型哺乳动物鼠类、鼠兔、旱獭为食，亦捕食鱼、蛙和地面营巢的鸟类及鸟卵，还食浆果、坚果等。

人工饲养的艾虎主要指欧洲艾虎，上唇、鼻周和下唇为白色，眼周和两眼之间呈棕黑色。艾虎被毛为暗褐至浅黄褐色，绒毛米黄色，体重可达2千克，体长40~45厘米，尾长12~16厘米，颈部较长且粗，尾短不及体长的1/2，体背面呈浅黄褐色。颈与前背混杂稀疏的黑尖毛，后背及腰部毛尖为黑色。喉、胸部向后沿腹中线到鼠蹬部均为黑褐色，腹中线两侧为乳黄色。四肢、尾部为黑色。

艾虎经常生活在高原的开阔山地、草原、森林草原、高寒草甸灌丛地带。它们过着独栖生活，栖息于荒山草原的自然洞穴中，昼伏夜出，视觉和听觉敏锐，行动敏捷。艾虎生性凶猛，能攀缘，也会游泳，常侵占喜马拉雅旱獭或其他动物的洞穴为巢。

艾虎选择2~3月发情交配，怀孕期为5~8周，4月中旬至5月产仔。一年繁殖两窝。每胎平均5~8只，16~20周龄时达成年艾虎的体型和体重。

　　艾虎是啮齿动物的天敌，在日常活动中能捕食大量的鼠类，因此对控制林、牧、农业的鼠害，调节鼠类数量有很大作用。艾虎毛皮绒丰、毛厚，质地良好，是名贵的出口裘皮之一。人工养殖无疑对艾虎动物野生资源是一种间接保护。

　　此外，艾虎还是传统端午节中的驱邪辟祟之物，常被人们作为一种装饰品佩戴。古代中国视虎为神兽，民间多用以镇祟辟邪、保佑安宁。至今，端午节饰戴艾虎的风俗已经有千年以上的历史了。

地下城市建筑师——草原犬鼠

中文名：草原犬鼠

英文名：prairie dog

别称：土拨鼠、旱獭

分布区域：北美洲

草原犬鼠是一种小型穴栖性啮齿目动物，原产于北美洲大草原，当地人称之为"草原犬"。如果算上短尾巴，草原犬鼠的身长平均约为30~40厘米。草原犬鼠栖息在美国、加拿大和墨西哥，在美国，草原犬鼠主要产于密西西比河以西，但在东部几个地点亦有发现。

草原犬鼠体色呈土黄色，这种颜色使它们与周围的环境融合起来，不易被"敌人"发现。夏天时草原犬鼠就会在体内贮存脂肪，为冬眠做准备。冬眠前的草原犬鼠胖乎乎的，冬眠时它们就缩成一个圆球，以降低热量散失。当春季来临时，草原犬鼠会从冬眠中醒来，它们与冬眠前判若两"人"，消瘦得令人无法置信。它们冬眠的时间一般为半年，有的甚至长达8个月之久。

它们组成的家庭通常包括1~2只公鼠、1~6只母鼠以及许多小鼠，每个家庭组织都占有一片领土，它们的睡眠、觅食、交配等活动几乎都在自己的领地内进行。邻近的几个家庭组成一个群，几个群组成一个集群，一个集群生活的区域周围往往有河流或山丘将一个鼠群同其他鼠群隔开，一个集群占地面积非常大，而一个家庭的领地相对就很小了。

犬鼠妈妈很喜欢同小犬鼠玩耍，小犬鼠就这样在游戏中慢慢长大。它们

从看似简单的游戏中学会了生存的技能，也逐渐具备了保护家庭的责任心和能力。

　　草原犬鼠很爱玩，它们常聚在一起你拉我、我推你地取乐。有时两只草原犬鼠会面对面站着碰牙齿，这看起来很有趣，但它们这样做不是在玩耍，而是在战斗。

　　草原犬鼠非常机警，它们会在自己的"家"门口设置哨岗。一旦发现敌情，它们会一声呼哨向同伴们报警。随后，它们便向地洞深处逃去。

　　草原犬鼠是挖洞能手，它们的地洞结构复杂，盘根错节。地洞中有一些巢室是用来冬眠和生育宝宝的，有一些巢室则是它们的厕所，有一些巢室专门用作卧室，里面铺着厚厚的干草和树叶。

　　草原犬鼠的怀孕期大约60~70天。幼鼠一出生就具备牙齿和皮毛，眼睛也已睁开，可立即开始进食。约3个月后即达到成熟期。

第四章

草原上的鸟类家族

鹰、雕、鹞、隼等猛禽在天空中飞翔，伺机俯冲下来捕食鼠类和小鸟；草地上的百灵鸟在欢快地歌唱；巨大的鸵鸟在草原上快速地奔跑……草原开阔的自然环境也为鸟类们提供了栖息、繁衍的"家"。

空中战斗机——游隼

中文名：游隼

英文名：peregrine falcon

别称：花梨鹰、鸭虎、黑背花梨鹘

分布区域：世界各地

　　游隼属于体型较大的隼类，其体长约为38~50厘米，重约647~825克。游隼有着又长又尖的翅。游隼与其他隼类不同的地方是其眼周为黄色，颊部有一条相当粗且垂直向下的黑色髭纹。游隼的头部至后颈是灰黑色，上体的其余部分为蓝灰色，尾羽上具有数条黑色的横带。游隼的下体为白色，上胸部有黑色细斑点，下胸部至尾下覆羽上面有着密密麻麻的黑色横斑，虹膜为暗褐色，眼睑和蜡膜为黄色，嘴呈铅蓝灰色，嘴尖黑色，脚和趾橙黄色，爪黑色。

　　游隼的栖息地多为山地、丘陵、荒漠、半荒漠、海岸、旷野、草原、河流、沼泽与湖泊沿岸地带，有时也会在开阔的农田、耕地和村屯附近活动。其飞行速度很快，经常单独活动，叫声尖锐。

　　游隼主要捕食野鸭、鸥、鸠鸽类、乌鸦和鸡类等中小型鸟类，偶尔也捕食鼠类和野兔等小型哺乳动物。游隼性情凶猛，即使比其体型大很多的金雕、矛隼等，它也敢于进行攻击。

　　游隼的飞翔速度非常快，这非常有利于它在空中捕食。游隼具有相对比较大的体重，有像高速飞机一样的可以减少阻力的狭窄翅膀和比较短的尾羽，这是它能够快速飞翔的主要原因。游隼在空中飞翔巡猎时，一旦发现了猎物，

首先会快速升上高空，占领制高点，然后折起双翅，使翅膀上的飞羽和身体的纵轴平行，头收缩到肩部，以极快的速度向猎物猛扑下来。靠近猎物的时候，游隼会稍稍张开双翅，先咬住猎物后枕部的要害部位，同时用后趾用力击打猎物，使猎物失去飞翔能力。待猎物因无法飞翔而下坠时，再快速向猎物冲去，用利爪抓住猎物，这一系列动作异常迅速而准确。有时，游隼也在地上捕食。为了适应这种捕食方式，它的跗跖变得又短又粗又壮，抓握猎物的脚趾也变得又细又长。

　　游隼一般在4~6月繁殖。它们经常在林间空地、河谷悬崖、地边丛林以及土丘，甚至沼泽地上筑巢。有时，游隼也利用其他鸟类如乌鸦的巢，有时甚至会在树洞与建筑物上筑巢。游隼很少到没有林间空地和悬崖的茂密森林中营巢。游隼主要是用枯枝筑巢，巢内放有少许草茎、草叶和羽毛，不过，有的游隼巢内并无任何内垫物。游隼一般每窝产卵2~4枚，多的有5~6枚。游隼卵的颜色为红褐色，孵化期为28~29天。游隼有着非常强的领域性，常常积极地保卫自己的巢。

空中超级猎手——鸢

中文名：鸢

英文名：glede

别称：黑鸢、老鹰、鹞鹰

分布区域：世界各地

鸢是一种中型猛禽，栖息于开阔的平原、草地、荒原和低山丘陵地带，也常在城郊、村庄、田野、港湾、湖泊上空活动，偶尔也出现在2000米以上的高山森林和林缘地带。

鸢的体长为54~69厘米，体重为0.68~1.1千克。虹膜暗褐色，喙黑色，蜡膜和下喙的基部为黄绿色，脚和趾为黄色或黄绿色，爪为黑色。上体为暗褐色，颏部、喉部和颊部污白色，下体为棕褐色，均具有黑褐色的羽干纹，尾羽较长，呈浅叉状。具宽度相等的黑色和褐色相间排列的横斑，是它与其他猛禽相区别的主要特征之一。另外，它在飞翔时，翼下左右各有一块大的白斑。

鸢白天活动，常单独在高空飞翔，秋季有时也呈两只或三只的小群。飞行快而有力，能将尾羽散开，像舵一样不断地摆动和变换形状以调节前进的方向，熟练地利用上升的热气流升入高空和在高空中进行长时间的盘旋。有时在高空翱翔时，鸢将两个翅膀平伸不动，如同悬挂在空中一样，所以在农村中，人们常常利用这一特点，将鸢的尸体或者仿造的模型挂在高高的篱笆上，用以吓唬来到田地中偷食的麻雀等小鸟。

　　鸢在全世界共分化为8个亚种，我国有2个亚种，其中东亚亚种的分布范围几乎遍及我国内地以及台湾地区和海南岛，是我国猛禽中分布最为广泛的一个亚种。在黑龙江、吉林等地为夏候鸟，在内蒙古、辽宁、北京、河北为夏候鸟或者留鸟，在其他地区均为留鸟。另外一个亚种为印度亚种，主要分布于云南的部分地区，此外还见于福建的福清，是罕见的留鸟。鸢被列为国家二级保护动物。

空中霸主——金雕

中文名：金雕

英文名：golden eagle

别称：鹫雕、金鹫、黑翅雕、浩白雕

分布区域：亚洲东南部、俄罗斯、哈萨克斯坦、土耳其、阿富汗、巴基斯坦、美国、墨西哥等地

金雕属于鹰科，是一种性情凶猛、体态雄伟的猛禽。金雕的成鸟体长约为76~102厘米，两翼展开长达2米多，体重约有2~5.5千克。金雕有着栗褐色的虹膜，嘴的端部为黑色，基部为蓝褐色或蓝灰色，黄色的蜡膜和趾，黑色的爪。金雕的上体为棕褐色，它与其他雕类明显不同的地方在于它的后头、枕和后颈等部位都有很尖锐的呈披针状的金黄色羽毛；金雕的下体为黑褐色，又长又圆的灰褐色尾羽上分布有黑色横斑和端斑，而尾羽的根部以及双翼的下面具有白斑。当金雕在空中翱翔时，我们可以很清楚地看到。

金雕的爪十分锐利，能够像利刃一样刺进猎物的要害部位，撕裂猎物的皮肉，扯破猎物的血管，甚至扭断猎物的脖子。除了利爪外，金雕也可以用巨大的翅膀攻击猎物，有时一翅膀扇过去，就可以将猎物击倒在地。

金雕多在草原、荒漠、河谷，尤其是高山针叶林中生活，甚至在海拔4000米以上的高地也能存活。金雕活动时一般单独或成对，在冬季，金雕有时会结成较小的群体，不过，偶尔也能见到20只左右的大群金雕聚集在一起捕捉较大的猎物。在白天，金雕经常在高山岩石、峭壁之巅以及空旷地区的

高大树木上歇息，或在荒山坡、墓地、灌丛等处捕食。

　　金雕十分擅长翱翔和滑翔，它在高空中翱翔时，会一边呈直线或圆圈状盘旋，一边俯视地面寻找猎物，两翅呈"V"状上举。金雕有着柔软且灵活的两翼和尾，这有利于调节飞行的方向、高度、速度和飞行姿势。金雕一旦发现目标，就会以迅雷不及掩耳之势从天而降，牢牢地抓住猎物的头部，将利爪戳进猎物的头骨，猎物往往当场立毙。

　　金雕经常捕食的猎物有雁鸭类、雉鸡类、松鼠、狍子、鹿、山羊、狐狸、旱獭、野兔等动物，有时金雕也会捕食鼠类等小型兽类。金雕经过训练后，是放牧人的最佳助手，因为它可以在草原上长距离地追逐狼，并将狼捕杀，曾经有过一只金雕先后抓狼14只的记录。

相较于金雕的捕猎能力，它的运载能力较差，只能背负1千克以下的重物。

金雕有一双大大的眼睛，它眼球的最外壁为一层角膜，前面壁内生有能够支撑眼球壁的巩膜骨，能够保障金雕在飞行时顶住气流的压力而不使眼睛变形。金雕的眼内生有一层具有供给眼球营养、调节眼球内的压力、帮助注视移动的物体等作用的栉膜。因为金雕眼内睫状肌的活动能力很强，可以迅速改变水晶体的形状，所以金雕远观近看的能力都很强，可以在极短的时间里有效地调节远近视力，从而提高高速运动时的视物本领。

金雕喜欢在崖峭壁的洞穴里筑窝，有时候，金雕也会把窝筑在一棵孤零零的大树上。金雕的卵有蛋白色和褐色两种颜色，每窝大约产1~4个，不过较为常见的是2个。雄雕和雌雕会轮流孵卵，小雕在40~45天后出壳，3个月以后，小雕开始长羽毛。一般，一窝只有1~2只小雕能够存活。

金雕是墨西哥的国鸟。因其勇猛威武，古巴比伦和罗马帝国也都把它当做王权的象征。在中国，古代强悍的蒙古猎人曾驯养金雕捕狼。时至今日，金雕还被科学家驯养用于捕捉狼崽，在研究狼的生态习性时起了不小的作用。不过，为了防止金雕把狼崽抓死，在放飞前要先套住它们的利爪。

草原卫士——玉带海雕

中文名：玉带海雕

别称：黑鹰、腰玉

分布区域：亚洲中部

玉带海雕是隼形目鹰科的大型猛禽。身长76~84厘米，翼展200~250厘米，体重2.5~3.76千克。玉带海雕有一双凶狠发光的眼睛。虹膜为淡灰黄色到黄色，嘴暗石板黑色或铅色，蜡膜和嘴裂淡色，脚和趾暗白色、黄白色或暗黄色，爪黑色。头羽较短为赭褐色，呈矛纹状羽饰；颈和身体前上部为暗褐色，下部棕褐；背和腰部褐色，翅膀和尾部呈黑色，又有黑鹰之称。其尾中部具有一条宽约10厘米的似白色玉带状的横带，所以叫玉带海雕。雌雄鸟相似，但雌鸟的体型稍大。

玉带海雕栖息于河谷悬崖或山岳开阔地带，常到荒漠、草原、高山、湖泊及溪流附近静等猎物。在青海高原的农田草原上，人们常见到它那萎缩的身躯，无精打采地静卧在田埂、土丘上，好像在睡觉，实际上它那两只凶恶发光的眼睛无时不在窥视着鼠类和旱獭。一旦发现猎物出洞，便立即展开双翼猛扑过去，用那锐利的大爪抓进肉里，带钩的嘴不住地叼咬着猎物的头和眼部，任猎物百般挣扎也无济于事，只能作为玉带海雕的口中佳肴。玉带海雕也捕食淡水鱼和雁、鸭等水禽，偶尔也捉食羊羔。

玉带海雕的繁殖期从11月到翌年3月，每年3月开始营巢，一般把巢窝筑在高大的树杈间，也有筑在芦苇丛中或高山崖缝里。多以树枝搭巢，内铺兽

毛、马粪保温。玉带海雕的巢体较大，高60~70厘米，直径1米以上，内部深约20厘米。有时侵占乌鸦等其他鸟类的巢。每窝产卵2~4枚，白色壳具光泽，光滑无斑。主要由雌鸟孵卵，孵化期为30~40天。雏鸟为晚成性，由亲鸟共同抚育70~105天后离巢。

玉带海雕在繁殖期十分凶猛，一般动物不敢轻易接近它的巢区，如果人无意走近巢区，也常会受到突如其来的攻击，不是被强劲的翅膀打翻在地，就是被它那锐利的嘴、爪叼咬抓伤。

玉带海雕不但体态威壮，可供观赏，且尾羽可做珍贵的装饰品，翅羽是良好的工业原料。近年来，由于草食性动物日趋减少，其分布数量已有明显下降。因此，国家已将它列为二类保护动物，严加保护。

草原上的清洁工——秃鹫

中文名：秃鹫

英文名：cinereous vulture

别称：狗头鹫、天勒、狗头雕、座山雕

分布区域：非洲西北部，欧洲南部，亚洲中部、南部和东部

　　秃鹫是大型猛禽，体长为1~1.2米，体重为5.57~9.2千克。两翼长而宽，具平行的翼缘，后缘明显内凹，翼尖的七枚飞羽散开呈深叉形。其尾短呈楔形，头及嘴甚强劲有力。

　　成年秃鹫头部为褐色绒羽，后头羽色稍淡，颈裸出，呈铅蓝色。上体暗褐色，翼上覆羽亦为暗褐色，初级飞羽黑色，尾羽黑褐色。下体暗褐色，胸前具绒羽，两侧具矛状长羽，胸、腹具淡色纵纹，尾下覆衬白色，覆腿黑褐色。秃鹫虹膜褐色，嘴端黑褐色，蜡膜铝蓝色，跗跖和趾灰色，爪黑色。通常无叫声。幼鸟脸部近黑，嘴黑，蜡膜粉红，幼鸟头后常具松软的簇羽。

　　秃鹫的栖息范围较广，多分布在在海拔2000~5000米的高山、草原。秃鹫喜欢在高大乔木上筑巢，秃鹫的巢以树枝为材，内铺小枝和兽毛等。秃鹫经常是单独活动，但有时也会三五成群，最大群可达10多只。在飞翔时，秃鹫的两翅会伸成一条直线，它可以利用气流长时间翱翔于空中，因此很少鼓动翅膀。秃鹫的食物主要是大型动物和其他动物的腐烂尸体，素有"草原上的清洁工"之称。有时，秃鹫也捕食一些中小型兽类。

　　秃鹫的猎物大多是哺乳动物。哺乳动物通常会聚集在一起，在平原或草

地上休息。秃鹫掌握了这一规律，因此就特别注意那些孤零零地躺在地上的动物。一旦发现有这种动物，它会先仔细观察对方的动静。如果对方纹丝不动，秃鹫并不急于靠近，而是继续在空中盘旋察看。如果在两天内，这个动物仍然一动也不动，秃鹫就会飞得低一点，从近距离察看对方是否还有气息。倘若还是一点动静也没有，秃鹫才会放心地降落到尸体附近，悄无声息地向对方走去。不过，秃鹫依旧十分谨慎，它张开嘴巴，伸长脖子，展开双翅，做好随时起飞的准备。再走近一些，秃鹫会发出"咕喔"声，如果对方依旧毫无反应，秃鹫就用嘴啄一下尸体，但会马上跳了开去。这时，如果对方仍然没有动静，秃鹫才会完全放下心来，扑到尸体上开始狼吞虎咽。

秃鹫那带钩的嘴可以轻而易举地啄破和撕开坚韧的牛皮，拖出沉重的内脏。并且，秃鹫裸露的头可以十分方便地伸进尸体的腹腔。另外，秃鹫脖子的基部长了一圈比较长的羽毛，它的作用是防止食尸时弄脏身上的羽毛。

秃鹫的飞翔能力并不好，所以它一般用滑翔这种节省能量的飞行方式。秃鹫经常在荒山野岭的上空漫游，凭它们特有的感觉来捕捉肉眼看不见的上升暖气流，以此进行滑翔。有时候，秃鹫因为飞得太高，不容易发现地面上的动物尸体。在这个时候，其他食尸动物的活动就可以为这种猛禽提供目标。秃鹫会先降低飞行高度，以便进一步的侦察。倘若确实发现了食物，秃鹫就会迅速降落。这时，周围的秃鹫也会前来争食。在争食时，秃鹫身体的颜色会发生一些有趣的变化。比如，在一般情况下，秃鹫的面部是暗褐色的，脖子是铅蓝色的，但当啄食动物尸体时，秃鹫的面部和脖子就会显现出鲜艳的红色，这有警告其他秃鹫不要靠近的意思。如果前来争食的秃鹫更加年轻力壮，占有了前者的位置。这时，被赶走的秃鹫的面部和脖子马上从红色变成了白色，而作为胜利者的秃鹫的面部和脖子也变得红艳如火了。所以，根据秃鹫体色的变化，人们便可以知道秃鹫体力的强弱。

秃鹫在繁殖季节，每窝产卵1~2枚，灰白色，具有不规则的深红色条纹和斑点。雌雄均参与孵卵，孵卵期约55天。雄秃鹫每天辛辛苦苦地四处觅食，一回到窝里，马上张开大嘴，把吞下去的食物统统吐出，先给雌鸟吃较大的肉块，然后再耐心地给幼鸟喂碎肉浆。秃鹫的胃口很大，每次都要吃到脖子都被装满为止。因而，雄鸟带回来的食物常被雌鸟及幼鸟吃得精光。

秃鹫的羽毛有较高的经济价值。在牧区，秃鹫受到人们的广泛欢迎，但是最近经常有人捕杀秃鹫以制作标本，作为一种畸形的时尚装饰，因此，秃鹫遭受到了大量捕杀，再加上秃鹫本身繁殖能力较低，故目前秃鹫处于濒危状态。

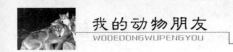
高原之神——黑颈鹤

中文名：黑颈鹤

英文名：black-necked crane

别称：藏鹤、雁鹅、黑雁、青庄、冲虫

分布区域：中国、不丹和印度

　　黑颈鹤是一种大型涉禽，其体长约为115~120厘米，体重约为5.35千克。黑颈鹤的全身被有灰白色的羽毛，它的颈和腿都比较长，头顶的血红色皮肤上布有稀疏的发状羽毛。之所以被称为黑颈鹤，是因为其除眼后和眼下方有一块白色或灰白色小斑外，头和颈部的其余部分都为黑色。黑颈鹤是世界上唯一一种生长、繁殖在高原的鹤类。

　　黑颈鹤是一种候鸟，有迁徙的习性。每年黑颈鹤都在青藏高原繁殖，冬季在南方越冬。黑颈鹤在每年的3月底到4月初飞到繁殖地，择偶交配后，在四面环水的草墩、芦苇丛或在地面营巢。一般情况下，黑颈鹤的繁殖地比较分散，主要为我国西南的青藏高原和甘肃、四川北部等海拔3500~5000米的沼泽地带。那里空气稀薄，人烟稀少，气候寒冷，5~6月时的气温有时还在−12℃左右。当湖沼中的冰雪开始消融时，鹤群便开始分散，雄鸟和雌鸟纷纷四处漫游，寻觅佳偶。求偶时，雄鹤和雌鹤的头颈都伸向前方，发出"嘎、嘎"的叫声，彼此呼应，一前一后地相伴行走，并且展翅偎依，似仙女飘逸，盘旋飞舞。然后雌鸟半展两翅，腿脚微曲，发出"哆、哆"的叫声，雄鸟一边应和，一边从后面跃到雌鸟背上交尾。当雌鹤产完第一枚卵后便开始由雄鸟和雌鸟轮流孵化，主要以雌鸟为主。30~33天以后，雏鸟就出世了，雏鸟在

出壳的当天就能蹒跚而行，而黑颈鹤夫妇则在一旁守护照料。

黑颈鹤与其他鹤类的不同之处在于其产卵前没有营巢期，它们是先产卵，后建巢。其巢穴简陋平坦，就近用蓼草、三棱草、莎草、针蔺或其他干枯的水草筑成，巢穴的平均外径为46~124厘米，内径21~60厘米，巢高可达16厘米，巢深2.4~6厘米。

黑颈鹤是中国特有的珍稀禽类，驰名世界，具有重要的文化交流、科学研究和观赏价值。民间多以鹤为"神"，鹤历来受到人们的尊崇和保护，但也有许多不法分子非法捕捉、杀害鹤，甚至有人以吃鹤肉为荣，这对黑颈鹤的生存造成了威胁。

黑颈鹤是藏族人民心中的圣鸟，是由俄国探险家普热尔瓦尔斯基在中国的青海湖首次发现的。近年来，由于人类对自然环境的严重破坏，使得黑颈鹤这些高原涉禽正面临丧失家园的威胁。据国际鹤类基金会调查，目前西藏拥有世界上最大的黑颈鹤种群，其数量约为4000只左右。因此，目前黑颈鹤已经被列为国家一级保护动物。

最大的鸟——鸵鸟

中文名：鸵鸟

英文名：ostrich

分布区域：从塞内加尔到埃塞俄比亚的非洲东部沙漠地带和荒漠草原

　　鸵鸟是非洲一种体型巨大、不会飞但奔跑得很快的鸟，特征为脖子长而无毛、头小、脚有二趾。鸵鸟是现代鸟类中最大的鸟，高可达3米，颈长，头小，脖子长裸，嘴扁平，翼短小，腿长，脚有力，善于行走和奔跑。雌鸟为灰褐色，雄鸟的翼和尾部有白色羽毛。

　　鸵鸟长着一对大大的翅膀，可是却不能像一般鸟类那样在天空飞翔。生活在沙漠或是热带的大草原上，鸵鸟用健壮有力的长腿行走、奔跑，代替了飞翔。

　　鸵鸟虽然不会飞，但是它的翅膀有许多其他用途。如果有敌人出现在它们面前，它们就会张开自己的双翅，用巨大的体型和声势吓走它们；如果敌人不怕，鸵鸟就可以用张开的双翅保持平衡，快速逃跑。另外，它们的大翅膀还是年幼鸵鸟的"保护伞"，小鸵鸟可以在成年鸵鸟的翅膀下遮风避雨。

　　鸵鸟通常可以长到2.5~2.8米高，身长2米左右，最大体重可达172千克。非洲鸵鸟是世界上最大的鸟，它比大多数人还要高。它们没有羽毛的长颈高高托起鸵鸟的头，有助于它们发现在较大范围内出现的敌人。强健的长腿除了用于快速奔跑，还是鸵鸟对付敌人的有力武器。

　　它们的脚上有两个趾，全部向前，这是现代鸟类中独一无二的。有厚厚

的肉垫，强健善走，在沙漠里奔跑时，不会被热沙烫伤。鸵鸟步子大，一跨就有3米，奔跑起来一跨步有七八米。它们能以30~50千米的时速连续奔跑1个小时，据说最高时速可达90千米。奔跑是鸵鸟逃避敌害最有效的手段。万不得已时就用长腿蹬踢，有时可把狮子、豹子蹬出两三米开外。

鸵鸟是群居，日行性走禽类。常结成5~50只一群生活，常与食草动物相伴。鸵鸟啄食时，先将食物聚集于食道上方，形成一个食球后，再缓慢地经过颈部食道将其吞下。由于鸵鸟啄食时必须将头部低下，很容易遭受掠食者的攻击，故觅食时不时地抬起头来四处张望。

人们传说鸵鸟如果遇到危险，来不及逃跑的话，就会把身子蜷缩成一团，把头颈平贴在地面上，以为自己什么都看不到就平安无事了。人们把这当做是一种愚蠢而可笑的行为。其实，这是对鸵鸟的一种误会。这样的"造型"对鸵鸟来说，至少有三大好处：第一，隐藏自己。鸵鸟将披着暗褐色羽毛的身子伏在地面上，就像是地上的石头或者灌丛；第二，让平时用于张望的脖颈得到片刻的休息；第三，还可用耳朵贴地探听一下周围的动静。

鸵鸟繁殖期的时间随地区而有不同，在北非及东非则大多在旱季筑巢。雄鸵鸟在繁殖季节会划分势力范围，当有其他雄性靠近时，会利用翅膀将之驱离，并以宏亮而低沉的声音大叫。只有那些能够保卫领地的雄鸵，才能与雌鸵交配。雄鸟在其领土内摩擦出许多小浅坑，鸵鸟在繁殖期内为一雄多雌，一只雄鸵常会与5只雌鸵交配，但雄鸵鸟与其中一只维持不严谨的单一配对关系，此雌鸟会找其中一穴产卵，通常每两日产一枚，数日内共可产卵多达10~20枚；约有六只或更多只的雌鸟会在同一穴内产卵，但不负责孵卵，一窝蛋少则30枚，多则50~60枚。

雄鸵鸟是模范丈夫和慈祥父亲，担当起孵蛋、保护雌鸟和幼鸟的任务。鸵鸟蛋一般为1.5千克左右，最大的重达2.85千克，是世界上最大的鸟蛋。这些蛋也非常坚硬，即使一个成年人站在壳上面，也不会把它踩破。

在非洲不少国家，人们驯养鸵鸟作为运输工具。它还会放羊，能把离群的羊赶回来。鸵鸟还会看家，发现窃贼就高声鸣叫，又啄又踢。此外，鸵鸟还会在脖子上挂着邮包送信，以及作为"运动员"，参加拉车比赛。它们的主要食物是植物果实、种子、茎、叶等，也吃昆虫、蜥蜴、鼠类等。

澳洲鸵鸟——鸸鹋

中文名：鸸鹋

英文名：emu

别称：澳洲鸵鸟

分布区域：澳大利亚

在澳大利亚国徽上，左边是一只袋鼠，右边是一只鸸鹋，由此可见澳大利亚人对鸸鹋的喜爱。这种动物有着和鸵鸟相似的外形，头部羽毛稀少，呈暗棕色。鸸鹋生活在草原、森林和沙漠地带。其身高有1.5~1.7米，体重50~60千克。

它和鸵鸟一样有着惊人的奔走本领，每小时能跑50千米以上。假如遇到劲敌，它迈开两只高跷式的长腿，一步便能跨出一两米。它甚至跑得比鸵鸟还快，时速可达80~100千米，有"高速长跑运动健将"的美称。它也同样具有鸟类的双翅，但它的翅膀和鸵鸟一样已完全退化，无法飞翔。不过它能泅水，可以从容渡过宽阔湍急的河流。

它们是除了非洲鸵鸟外世界上现存的第二大鸟。仔细观察，可以发现鸸鹋与鸵鸟的不同之处：鸸鹋个头比鸵鸟小些；颈部羽毛丰富，不像鸵鸟几乎是光秃秃的；毛色比鸵鸟浅，由灰、褐色羽毛相间构成，比较松散；腿也很长，但比鸵鸟短些。

鸸鹋高兴的时候，发出"而苗——而苗"的叫声，因而得名。这也是人们区分雌雄鸸鹋的标准。雌雄鸸鹋长得十分相像，让人很难辨其性别，经过仔细观察，后来人们发现，只有雄鸸鹋才会发出"而苗"的叫声。

　　鸸鹋很友善，若不激怒它，它从不啄人。当有汽车在公路边停下来时，鸸鹋毫无戒备，反而会大摇大摆地踱步而来，争抢着把头伸进车窗，一是对你表示亲近，二是希望你能给点好东西吃。

　　两只成年雄鸸鹋之间有"势力范围"之争。假如一只侵犯了另一只的领地，入侵者会遭到对方的报复，它会用自己的利爪竭力去抓对方的胸部。

　　在鸸鹋生活的区域，很少看到独自行走的鸸鹋。它们或出双入对，或三五成群地在一起。鸸鹋生活在澳大利亚和塔斯马尼亚岛的草原、丛林和半沙漠地区，以野果、树叶、杂草为食，有时也捕食昆虫。3岁的鸸鹋就已经到成熟期了，它们会在每年11月到第二年的4月繁殖自己的后代。雌鸸鹋一次会产下7~15枚卵。雄鸟是模范丈夫和慈祥父亲，承担筑巢、孵卵的艰巨任务，而雌鸟什么都不管。在58~61天的孵卵期间，雄鸟不吃任何东西，直到雏鸟出壳。每次孵化后，雄性的体重会降低许多。雏鸟出壳后，仍由父亲照料近2个月。

草原歌星——百灵鸟

中文名: 百灵鸟

英文名: lark

别称: 百灵、沙百灵、蒙古鹨

分布区域: 主要分布在中国内蒙古、河北和青海

百灵鸟是草原的代表性鸟类，属于小型鸣禽。张家口人称之为云雀。多为终年留居或繁殖鸟。

百灵鸟成年时体型较小，长190毫米，重约30克。栗红色的额头是雄性百灵鸟的特点，它的头部和后颈也拥有和额头一样的颜色，眉毛和眼眶周围白而发棕的毛色更是好看。它的唇毛最有特点，眉纹一直长到了枕部。百灵鸟背部和腰部主要呈现栗褐色，翅膀外侧的羽毛呈现黑褐色，以栗褐色为主色的尾部边缘稍有发白。胸前有两个对称的黑斑条纹，正好和胸部以上的部分连接起来。额头部分和喉咙处都长有白色的羽毛，正好和身体以下棕白色的毛色衬托起来。

雌性百灵鸟的体色和雄性百灵鸟并没有多大差别。二者的区别主要在于，雌鸟额头和颈部的栗红色毛发没有雄鸟的多。身体上的羽毛也偏近于淡淡的褐色，并且，雌鸟胸前的两条黑斑条纹也没有雄鸟那么明显。百灵鸟嘴部的颜色为土黄色，足部脚趾是肉粉色的。百灵鸟的爪子不同于一般鸟类，主要是其后爪要比普通鸟类的后爪大一些，而且还径直地伸向后方，爪部为褐色。

百灵鸟喜欢在荒凉的大草原上生活，穿梭于沙地和草棵之间。它们为了保持自己的体温在沙地上蹭来蹭去，这样既能够防暑降温，又可以梳洗它的毛发，以保证体表的干净。

我国常见的种类有沙百灵、云雀、角百灵、小沙百灵、斑百灵、歌百灵和蒙古百灵等。沙百灵与云雀能从地面拔地而起，直冲云霄，在空中保持着上、下、前、后力的平衡，悬翔于一点鸣唱。角百灵常常悄悄地在地上奔跑，或站在高处窥视周围的动静，行动较为诡秘。凤头百灵因头顶有一簇直立成单角状的黑色长羽构成的羽冠而得名，它生性大方，喜欢在道路上觅食，旁若无人，雌鸟在孵卵时也不像其他鸟类那样容易惊飞。

百灵鸟和草原一起经过几百万年的共同演化，获得了适于开阔草原生存的各种特征。它们一般在3月末开始配偶成对，在地面上鸣叫，并选择巢区。雌雄鸟双双飞舞，常常凌空直上，直插云霄，在几十米以上的天空悬飞停留。歌声中止，骤然垂直下落，待接近地面时再向上飞起，又重新唱起歌来。

百灵鸟一年在5~7月间繁殖，巢筑在地面草丛中、由草叶和细蒿秆等构成，巢呈杯状。每窝产卵大多为2~5枚。它们的卵很好看，底色棕白，上面散缀淡褐色的斑点，接近钝端有一个暗褐色的圆圈。大约经过15天的孵化，雏鸟破壳而出。刚出壳的雏鸟赤身裸体，只在一些部位长有绒羽，7天后才睁开双眼。百灵鸟繁殖的季节，正是昆虫大量繁衍的时候，以高能量的昆虫饲喂雏鸟，雏鸟就能快速成长，有些种类的亲鸟便可以进行第二次繁殖。

　　百灵鸟是杂食性动物，它在春季主要吃嫩草芽、杂草及杂草种子等；它在夏季和秋季主要吃昆虫；冬季则主要吃草子和多种谷类，有时也会取食昆虫及虫卵。百灵鸟对农作物没有任何危害，反而为农业做了很大的贡献。这是因为在夏季刚刚来临时，百灵鸟还处于抚育幼鸟的时期，这时候，它会捕捉大量的虫子来喂养小百灵。

　　百灵鸟有着非常强的适应干旱的能力。它们或快速飞行到远处取水，或调节自己的生理特性以减少对水的需求。冬季，百灵鸟大多集群生活，通常是几十只甚至上百只为一群。这是因为，作为一个整体，可以发挥群众的力量，增加在恶劣环境下集体防御的能力。

　　百灵鸟不仅是大自然的"歌手"，还是著名的"舞蹈家"。百灵鸟的歌是

把许多音节串连成章，形成一曲动听的歌曲。百灵鸟在歌唱时，常常会张开翅膀，随着节奏翩翩起舞。百灵鸟不但以其美妙的歌喉、优美的舞姿给人类生活增添了无穷的乐趣，更以其自身的存在维持着生态系统的平衡。

不爱红妆爱武装——蓝绿鹦鹉

中文名：蓝绿鹦鹉

英文名：turquoise parrot

别称：青绿草原鹦鹉

分布区域：澳洲东南

　　蓝绿鹦鹉身长20厘米，体重35~46克。这种鹦鹉体为绿色，脸部为蓝色，脸颊颜色较浅，喉咙、胸部、腹部和尾巴内侧覆羽为黄色，喉咙和胸部时常带有一点橙色，翅膀中间的小覆羽为深红色，翅膀弯曲的部分、翅膀外侧和中间覆羽为蓝绿色，外侧飞行羽和内侧翅膀覆羽为深蓝色，中间尾羽上方为绿色，外侧为绿色，尖端黄色，尾羽内侧为浅黄，鸟喙灰黑色，虹膜深棕色。雌鸟的脸部为浅蓝色，鸟喙和眼睛之间为黄白色，翅膀外侧没有红色，耳羽、喉咙、胸部上方均为绿色，翅膀内侧有浅色的斑纹。幼鸟和雌鸟体色相同，年幼的雄鸟翅膀上时常带有些红羽，幼鸟需要6个月才能长成像成鸟般的体色。

　　蓝绿鹦鹉喜欢栖息在森林地区、热带草原、开阔的茂密林区、斜坡上的农耕区、沿着水源或是河流经过的树丛等。蓝绿鹦鹉主要以草类的种子、植被、野草种子以及地面上捡拾的东西为食，偶尔它们也会前往捡拾由货车上散落下来的谷粒。

　　蓝绿鹦鹉平时大多成对或是以小群体活动，偶尔会聚集30只左右的数量。每天清晨会固定前往水源处饮水，白天则大多都在地面觅食，有时会栖息在灌木丛、树梢、电线杆或是竹篱笆上。平时喜欢在浓密树荫下觅食，在

觅食的时候戒心并不很重，如果有其他动物接近时会快速地跑走，仅在危险逼近的最后关头才会飞走，然后降落在邻近的树上观察情况。在某些地区有季节性迁移的习性，在繁殖季喜欢出没于森林地区，其他时候大多在热带草原活动。

　　蓝绿草原鹦鹉飞行时，速度相当快，翅膀急速地拍动。它们联络同伴时发出清柔的叫声，觅食的时候则会发出高频的啁啾声。

第五章

草原上的两栖爬行动物和昆虫

在美丽广阔的大草原上，还生活着其他的"少数民族"——两栖动物、爬行动物和昆虫家族。它们与哺乳类动物和鸟类一起，共同构成了草原的生态系统。

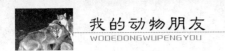
无脚行者——蛇

中文名：蛇

英文名：snake

分布区域：世界各地

　　蛇是爬行纲有鳞目蛇亚目的总称。到目前为止，已有3000种蛇被人类识别，而且数量一直在增加。在许多方面，所有的蛇都是相似的：有长长的大致圆柱形的身体；身体的一端是头，一端是尾巴。蛇没有四肢，也没有其他突出的身体部位，也没有外耳开口或眼睑。尽管具有这些明显的局限性，它们还是以自己的方式使它们的家族发展壮大，并且种类繁多。为了达到这种兴旺局面，它们发展出独特的移动方式和感知能力。在一些情况下，它们的感觉很独特，有的则比其他动物更敏感。

　　蛇的牙齿非常尖利，并向内弯曲。这些牙齿已经进化为用于抓紧和咬住猎物，而不是咀嚼。尽管一些最原始种类只有稀少的牙齿，但大多数种类的蛇都有大量的沿上下颚缘排列的牙齿，并且还有两排额处的牙齿（颚骨牙和翼状牙）长在嘴的内上壁。一些科的成员部分牙齿变为注射毒液之用，有的则变化为处理特定食物的其他形式。

　　蛇眼睛的大小因各个种类的生活习性而各异，它们的瞳孔也各不相同。体型较小且较隐秘的蛇类眼睛较小，瞳孔较圆；而白天捕食时蛇的瞳孔也较圆，但它们的眼睛更大。这些种类的蛇时常会停下，抬起头部以获得更佳的视野，这说明了视觉对它们的重要性。夜间活动的蛇类瞳孔一般呈竖线状，

昼间活动时能收缩为一条狭窄的缝，以保护它们敏感的视网膜。

蛇没有外耳开口，这也源于它们祖先的穴居习惯。它们只具有内部的听力结构，但似乎蛇还能借助地面震动听到声音。它们也能在某种程度上听到空气中传来的声音。

对大多数蛇来说，嗅觉在捕食、躲避天敌和寻找配偶方面最为重要。对于我们来说，用气味作为标记是不可想象的，而有些蛇正是这样做的，并且有的气味可以保持数天之久。这种敏感度是借助一种特定的感觉器官——犁鼻器，协同舌头一起探测空气中的气味的。当蛇捕食时或它们发觉周围环境有任何改变时，会不断地伸出叉状的舌头。气味颗粒会粘在叉状舌头的尖端，并被带入口中。在蛇的口腔上壁有一对小孔，舌头的两个尖端通过它们插入犁鼻器，这些微小的气味分子在那里被分析，分析结果则传入大脑的嗅觉部分。

对于那些失去四肢的动物来说，进化出一种新的移动方式是必不可少的。蛇就拥有多种移动方式，有些是大多数蛇共有的方式，而有些则是根据特殊的栖息地进化而来的特殊的移动方式。

直线运动是通过腹部鳞片的运动来实现的，每个鳞片都通过倾斜排列的肌肉和一对肋骨相连。当这些肌肉收缩和放松时，鳞片的边缘会钩住地面上细小的不平整部分，使蛇的身体得到拉伸。在任意给定的时间内，几组鳞片将被拉动，另外几组会向前移动，因此，这种运动就是波浪式的。看起来这种移动像是在地面上毫不费力地滑行。

有时，蜿蜒移动被称为侧面移动，大多数蛇在快速移动时都采用这种方式。蛇的身躯在它的头后部呈现一系列缓和的曲线，同时其身躯的两侧将一些或大或小的不规则物体推开，以便它能迅速地向前移动。同时，其腹部的鳞片以前面描述的直线移动的方式运动，并增加推力。相似的移动方法运用于游泳时，其身躯的两侧可将水推开。大量的半水栖蛇都有粗糙的表面突起的鳞片，可以更好地推动其前行。

大多数攀爬种类采用典型的手风琴式运动，包括用身体的后部和尾巴抓住固定点，头部和身体前部向前伸。一旦蛇得到一个新的抓点，身体后部就会停住，再重新开始上述过程。有些食鼠蛇在体侧和身体下部交汇处有脊突，这使它们能抓得更紧，特别是在树皮上时。

栖息在松散的沙地上的蛇需要应付不稳定的表面，它们通过"侧向前行"来面对这种挑战。使用这种方法移动时，蛇的头部和颈部抬离地面并甩向侧面，然而身体其余部位则锚住不动。一旦头部和颈部落地，蛇身体的其余部位和尾巴则相应移动。在其尾巴接触地面的一刹那，其头部和颈部又一次地甩向侧面，从而在沙地上形成了一个连续的环环相扣的移动路线，并且移动角度与水平方向约呈45°角。

所有的蛇均以捕食其他动物为生。蛇几乎捕食所有种类的猎物，从小的无脊椎动物到大型哺乳动物。它们的主要缺陷在于不能分解猎物，所以它们必须将食物整个吞食。尽管它们有着高度柔韧的颅骨和富有弹性的皮肤，使得可以吞食比它们自身大得多的食物，但仍有一定的限度。因此，蛇的猎食主要取决于猎物的大小和吞食难度。

一些蛇是杂食性动物，或多或少会吃所有可以制服的猎物，而其他一些蛇的捕食范围有着高度的专一性，局限于单一类型的猎物。大部分蛇吃无脊

椎动物、蛙、蜥蜴、哺乳动物等。专一猎食种类的蛇包括鹰鼻蛇（专门猎食蜘蛛）、蜈蚣蛇（专门猎食蜈蚣）、美洲致渴蛇和亚洲的钝头蛇（分别专门猎食蛞蝓和蜗牛），以及专门吃鸟蛋的食卵蛇，还有许多其他种类。一些种类的蛇随着它们的成长，食物也发生了变化——从小的种类变成大的种类，例如从吃蜥蜴转向吃哺乳动物。

　　蛇有很多种猎取食物的方式，某些种类的蛇直接栖息在猎物中间，如原始的线蛇就住在白蚁巢中。有些主动猎取食物的蛇类常常会采用一些策略来捕获猎物，相对专一捕食的种类更有优势，如在夜间活动的蛇可能捕食到白天活动的蜥蜴——这些蜥蜴晚上大多在树枝上睡觉。其他一些种类的蛇可以更准确地锁定猎物，如美洲中部和南部的猫眼蛇会寻找挂在小池塘上方树叶上的青蛙卵，非洲的食卵蛇则能找出小鸟的巢。

　　蛇制服和吞食猎物的方式与猎物类型紧密相关。以无脊椎动物和一些小动物为食的大部分小蛇只是简单地抓住猎物吞食。食蜗牛蛇拥有变化的下颚，可直接插进蜗牛的壳并挑出软体动物的肉质部分。食卵蛇拥有改变了的脊椎骨，能够锯碎蛋壳，使内部物质流入食管的同时，让锯碎的蛋壳排出。吃蛙的蛇在吃猎物时不需要太高超的技巧，它们直接生吞。

吃动物的蛇无论是吃蜥蜴、其他的蛇、鸟，还是哺乳动物，都希望可以有更先进的方法攻击和制服猎物。蛇主要运用收缩身体和注射毒液的方法来对付猎物可能对它们带来的危险。

蛇是伪装高手，因为它们能随时改变其外形，或蜷曲，或伸展，或处于二者之间的任一形态。其他任何脊椎动物都没有同样的能力以阻止掠食者建立起固定的猎物的印象。此外，多数蛇的颜色和它们所栖居的底色是一样的，同种蛇的颜色还会随着各栖息地底色的不同而改变。蛇身上的花纹有条状、带状、点状或者不规则的斑点和暗纹。于是，当蛇栖息在自然环境中时，其身上的花纹就可以帮助其隐去自身的轮廓——虽然我们在动物园里看到的蛇是那么的惹眼和炫目。

蛇的生育周期因其栖息地而各异。生长在热带的蛇类并没有特定的繁殖季节，但是雨季会增加其求偶和交配的频率。而栖息在温带的蛇通常在春季交配，这之前是一段冬眠和不活跃期。一些种类还会以群居的方式冬眠，这样就可以使它们在来年春天分散之前更容易求偶。这些种类通常在春天蜕皮后、捕食活跃期之前的时间段立即进行交配，但有些蛇的交配期较晚。此外，

雄蛇还能利用气味来跟踪雌蛇，并辨别出那些愿意交配的雌蛇。有的种类，如树蟒蛇、蝰蛇和响尾蛇，雄蛇间会将身体绕在一起，以争夺配偶，每只雄蛇都尽力迫使另一只雄蛇贴在地上。这些回合可以持续几个小时，争夺间隙也有长时间的休息期，最终的获胜者通常会在胜利后立即与雌蛇进行交配。

蛇可以将精子储存很长一段时间，这就使得它们能够选择在一年的任何时间进行交配，或等到下一个更合适的季节再进行受精——这期间的间隔可能会长达几个月。比如，活跃期很短的一些蛇类可能会在秋天交配，然后把精液储存到来年的夏天。雌蛇也能在一次交配中产下 2~3 窝的受精卵，这对于那些零星地栖息在一大片区域而很少有机会遇见并交配的蛇来说是很适合的。在通常条件下，雌蛇在交配后的约第 40 天产下卵。胎生的蛇的妊娠期很少有少于 4 个月的，而且从受精到产仔的时间可以长达 10 个月，这还不包括储存精液的时间。

蛇的繁殖方式也会受到家族倾向的影响。比如说，所有的蚰蛇科成员，除了一种之外，都是产下幼蛇；而所有的蟒科成员都是产卵的。相反，大多数蝰蛇和蝮蛇都是直接产下幼蛇。据目前所知，所有那些最原始的科都是以产卵的方式繁殖。另一方面，一些蛇属也有产卵和直接产下幼蛇两种繁殖方式，例如，在北半球的欧洲，游蛇直接产下幼蛇，而在南半球，它们则产卵。更不寻常的是，在单一蛇种内部繁衍后代的方法也不同，比如南美的水蛇——安第斯渔蛇和非洲草蛇，它们都有既能产卵也能直接产下幼蛇的个体，而那些直接产下幼蛇的一般都栖居在较为寒冷的地区。

产下后代的数量与它们是否为卵生或胎生的关系不大，而与各种类体型的大小有更大的关联。在一个种类中，体型较大的雌蛇会产下较多的后代。繁殖能力最强的种类，包括两种体型最大的蟒蛇——网纹蟒和缅甸蟒，它们一窝产下的卵能够达到 100 枚；非洲地蛇和鼓腹蝰蛇一次能产下约 100 条幼蛇。但是大多数种类的蛇一窝产下的卵或幼蛇为 5~20 只，而一些体型最小的种类一窝所产下的卵或幼蛇只有 1~2 只。热带地区的种类繁殖期较长，产卵频繁，但每次的产卵个数并不像每年只产 1 次的那么多。栖息在寒冷地区的种类，由于每年中只有一段时间较为活跃，因此每隔 2~3 年才会繁殖 1 次。

草上飞——蝮蛇

中文名：蝮蛇

别称：草上飞、七寸子、土公蛇

分布区域：中国大部分地区均有分布

　　蝮蛇长30~50厘米，头部呈三角形，头颈很细，身体较胖，尾巴较短，腹面灰白到灰褐色，杂有黑斑。它的身体颜色像泥土，所以江苏、上海一带叫它土灰蛇。又因为其常盘在地上像堆狗屎，浙江人便称它为狗屙蝮。

　　蝮蛇常栖于平原、丘陵、低山区或田野溪沟有乱石堆下或草丛中，弯曲成盘状或波状。捕食鼠、蛙、蜥蜴、鸟、昆虫等。蝮蛇的繁殖、取食、活动等都受温度的制约，低于10℃时蝮蛇几乎不捕食；5℃以下进入冬眠；20~25℃为捕食高峰；30℃以上的钻进蛇洞栖息，一般不捕食。夜间活动频繁，春暖之后陆续出洞寻找食物。

　　蝮蛇受惊的时候，尾巴就像鞭打什么似的，使劲向左右乱甩，发出一种奇怪的声音。在蝮蛇的眼睛和鼻孔之间有个小小的凹窝，叫做颊窝。这是一种奇妙的感觉器官，对周围环境温度的变化非常敏感。这就便于蝮蛇及时发现温血动物，进行捕食或防御。鼠、鸟、蜥蜴、蛙和鱼，都是蝮蛇喜欢的食物。

　　蝮蛇捕食鸟类的情景很有趣：它先咬住鸟的头部，使鸟嘴自然地弯向后面，然后把头颈吞进去；接着，它好像把张开的折扇折叠起来那样，将鸟的翅膀左右合拢；最后，才将整只鸟使劲往嘴里咽。整个过程要花15分钟。

　　仔蛇2~3年性成熟，可进行繁殖。蝮蛇的繁殖方式和大多数蛇类不同，为卵胎生殖。蝮蛇胚在雌蛇体内发育，生出的仔蛇就能独立生活。这种生殖方式胚胎能受母体保护，所以成活率高，每年5~9月为繁殖期，每次可产仔蛇2~8条。初生仔蛇体长14~19厘米，体重21~32克。新生仔蛇当年脱皮1~2次，进入冬眠。

非洲死神——黑曼巴蛇

中文名：黑曼巴蛇
英文名：black mamba
别称：黑树眼镜蛇
分布区域：非洲南部开阔的灌木丛及草原等较干燥的地带

　　动物世界里，无论大小，也不管强弱，它们之间永远都避免不了战争。几乎每天都会有血腥场面轮番上场，这是它们的生存法则，我们也都习以为常。见过凶猛的，也见过歹毒的，但是有一种动物人们一提起它，犹如令人毛骨悚然的死神降临一般。死神这个名字还真没叫错，它们就是被称为"非洲死神"的黑曼巴蛇。

　　黑曼巴蛇是一种攻击性强、杀伤效率极高的动物杀手。它是非洲最大的毒蛇，栖息于开阔的灌木丛及草原等较干燥的地带，以小型啮齿动物及鸟类为食。它体型修长，成蛇一般均超过2米，最长记录可达4.5米。头部呈长方形。它的名字叫黑曼巴，其实不是指它身体的颜色，发黑的是它的一张大嘴。它的体色是灰褐色的，由背脊至腹部逐渐变浅。像所有的爬行动物一样，黑曼巴蛇也是冷血动物，需要外界热量来保持其自身的温度，所以黑曼巴蛇每天都要舒舒服服地躺在岩石上晒几个小时太阳，而到了夏天地表温度过高的时候，它们也会钻到地下的洞穴中避暑。

　　之所以叫它"非洲死神"，当然是有原因的。黑曼巴蛇最独特的便是它的口腔内部为黑色，上颚前端在攻击时能向上翘起，使其毒牙能刺穿接近平面

的物体。黑曼巴蛇的毒液藏在口中的两颗中空的大牙里，每当咬住猎物的时候，黑曼巴蛇嘴里可移动的嘴骨就会把两颗毒牙往前顶，把毒液注入目标体内。毒液可以使目标迅速麻痹，这样方便黑曼巴蛇一口把猎物吞下去。其体内的生化酶可以让消化工作在猎物到达胃部之前就开始，这样即使是最难消化的食物也会在几个小时内消失。剧毒的毒液是黑曼巴蛇真正的武器，这让黑曼巴蛇的主要狩猎对象比如蝙蝠、蜥蜴都没有任何存活的机会。

黑曼巴蛇最令人畏惧的不仅是它有庞大有力的躯体、致命的毒液，更可怕的是它的攻击性及惊人的速度。黑曼巴蛇在捕食的时候可以以极快的速度在地面爬行，在攻击的一瞬间它的头可以窜到大约1米的高度，而即使在爬行的过程中它的头也可以保持高于地面50厘米的高度。

黑曼巴蛇100毫克的毒液可以毒死10个成年人，未用抗毒血清的被咬伤者死亡率接近100%！被黑曼巴蛇咬到的人并不会有痛苦的感觉，反而会感到像喝多了酒似的，然后在不知不觉中死去。庆幸的是它咬人的事并不常见。

黑曼巴蛇全身都充满了传奇色彩。在非洲，很多人都有听过关于黑曼巴蛇的传奇故事：有人说黑曼巴蛇能追上一匹正在奔跑的马；也有人说，一条黑曼巴蛇在短短一分钟内，杀死了13个围捕它的人；更有人说看见了一条黑曼巴蛇扑到了汽车的玻璃上！当然这些都只是传说，未经科学的验证。不过无论如何，这也算是黑曼巴蛇的一个特色了。

黑曼巴蛇在春夏两季产卵。雄性蛇会长途跋涉以寻找理想的配偶，在交配过后雄蛇和雌蛇都会回到各自的巢穴。雌蛇一次大约产10~25个卵，一般都产在腐烂的植物丛中，因为植物在腐烂过程中会散发热量，有助于蛇卵的孵化。初生的黑曼巴蛇就有半米长，并且它们在出生之后不久就会具备独立生活的能力，并开始捕食小老鼠一类生物。黑曼巴蛇虽然凶猛，但它们也有天敌，幼年的黑曼巴蛇经常成为獴的美餐，成年的黑曼巴蛇则很容易被蛇鹫及同类的大型鸟类捕食。

龟中之宝——四爪陆龟

中文名：四爪陆龟

英文名：horsfield's tortoise

别称：旱龟、草原陆龟

分布区域：中国新疆维吾尔自治区霍城县、哈萨克斯坦南部荒漠地区和印度、巴基斯坦、伊朗等地

　　陆龟多产于热带、亚热带地区，这些地区空气比较湿润，陆龟所需要的水分能够完全供给。但在欧亚大陆腹地干旱区中的霍城县，有一种陆龟背壳高且圆，为圆拱形，体长稍大于体宽。其背甲和腹甲直接相连，中间没有韧带组织，上面的盾片有同心环纹，中央是棕黑色，边缘为黄色，背甲长12~16厘米，宽10~14厘米。成体背甲为黄橄榄色，幼体略呈草绿色。

　　龟壳的花纹十分美丽，是它们的保护色，很利于在荒漠草原的环境中隐藏。其头部很小，具有对称排列的大鳞片；四肢粗壮呈圆柱形，其上覆瓦状排列着角质鳞片。每肢都有四爪，爪尖而锐利，四爪陆龟由此得名。

　　四爪陆龟四爪间无蹼，遇到危险或休息时，头和四肢能藏入甲腔内。雌雄性别容易区别：雌龟尾短，尾柄粗；雄龟尾细长。同龄龟雌体比雄体大，雄性成年龟体重在0.4~0.6千克之间，雌性则为1~1.5千克。其前臂与胫部有坚硬大鳞，股后有一丛锥形大鳞。

　　四爪陆龟活动在海拔0.7~1千米的黄土丘陵草原半荒漠地区，经常栖息在蒿草丰富、土质湿润、螺壳较多的阴坡凹地，晴天在山坡取食，阴天或夜晚则躲在洞中，体温随环境温度不同而改变。四爪陆龟以草食为主，有时也吃

些昆虫及蜥蜴。它们喜欢饮水，饮水时还发出有趣的"咯咯"声。

一年中，四爪陆龟始出现于3月末、4月初，入眠时间在8月末，休眠期长达7个月之久。出蛰后随即进入繁殖期，雄龟要比雌龟苏醒得早。在求偶活动中具有争雌现象，一只雌龟后面常有好几个雄龟尾随，并互相格斗，格斗中获胜的雄龟才能与雌龟交配。在4~5月份交配，产卵2~4枚。雌龟产卵前要先掘成一个10厘米深、13~14厘米宽的土坑，产卵后将土坑填平。卵呈白色椭圆形，平均重18~19克，比鸡蛋要小，孵化期为60天左右。卵的孵化依靠太阳光完成，幼龟出壳后依然在土里，第二年春季才爬出来活动。幼龟生长较快，成年龟生长较慢，雌龟12年、雄龟10年才能成熟。四爪陆龟的最大寿命现在还不清楚。

四爪陆龟为中国唯一的北方种类，目前是国家一级保护动物，数量稀少，已濒临灭绝的边缘。

吃草的乌龟——安哥洛卡象龟

中文名：安哥洛卡象龟

英文名：Angonoka tortoise

别称：马达加斯加陆龟

分布区域：马达加斯加岛

　　安哥洛卡象龟是食草性动物，生性孤僻，生活在干燥的热带草原或海岸附近草原的矮林环境，对环境变迁十分敏感，对食物的种类也十分挑剔，平时躲藏在草丛或灌木丛中。

　　安哥洛卡象龟最大体长可以达到44.6厘米左右。其背甲呈显著的圆顶状，

椎盾为黄褐色，肋盾为深绿色。有暗褐色三角形斑纹分布于每一缘盾前缘，有一枚喉盾特别突出。

目前，安哥洛卡象龟的野生数量不超过400只。大火是造成安哥洛卡象龟数量减少的主要原因。为了提高作为牛饲料的牧草的产量，马达加斯加农民靠放火来促进牧草生长，或者放火清理出土地用来种稻谷和树薯。大火造成了以棕榈科植物为主的热带稀树草原几乎没有什么阴凉地，这样的环境对于安哥洛卡象龟来说太热了。另外，南非野猪掠食幼龟和龟卵也是一个原因。野猪是从非洲引进到马达加斯加的，在马达加斯加几乎没有天敌，加上马达加斯加人禁食猪肉，因此这里的野猪大量繁殖。

安哥洛卡象龟是马达加斯加独有的动物，马达加斯加人为他们的龟而骄傲。马达加斯加人认为吃安哥洛卡象龟会走霉运，所以从来不吃安哥洛卡象龟。现在马达加斯加人开始注意保护安哥洛卡象龟，安哥洛卡象龟正在帮助这个生活在世界上最贫穷的国家之一的马达加斯加解决他们的环境问题。

植物克星——蝗虫

中文名：蝗虫

英文名：locust

别称：蚂蚱、蚱蜢

分布区域：世界各地

自古以来，蝗虫就是恶名昭著的，人们对它的憎恶程度不亚于任何其他害虫。有人说：假设在某一个地区发生蝗灾后，再富饶的土地也会很快变得一片荒芜。由此可见，蝗虫在人们的心目中实在是一个非常糟糕的形象。

蝗虫其实就是我们平常说的"蚂蚱"、"蚱蜢"，闽南语称为"草螟仔"，是蝗科，直翅目昆虫。全世界有超过1万种，分布于全世界的热带、温带的草地和沙漠地区。

蝗虫有着许多可以感受触觉的器官，如头部触角、触须、腹部的尾须以及腿上的感受器等。蝗虫的口器内有味觉器官，触角上有嗅觉器官。蝗虫的听觉器官是位于第一腹节的两侧、或前足胫节的基部的鼓膜。蝗虫的复眼主管视觉，单眼主管感光。蝗虫有着适于跳跃的粗壮的后足腿节。雄性蝗虫的发音是靠左右翅相摩擦或用后足腿节的音锉摩擦前翅的隆起脉。有的种类的蝗虫飞行时也能发音。

蝗虫一般披有绿色、灰色、褐色或黑褐色的外衣。蝗虫的头很大，触角比较短，有着坚硬的前胸背板，像马鞍似的向左右延伸到身体两侧，中、后胸不可以活动。蝗虫是跳跃专家，这是由于它后腿的肌肉强劲而有力，外骨

骼坚硬。另外，蝗虫的胫骨还有尖锐的锯刺，可以作为有效的防卫武器。

蝗虫主要的视觉器官是位于头部的触角以及一对复眼。此外，蝗虫还有3个仅能感光的单眼。蝗虫的取食器官是位于头部下方的一个口器。蝗虫的口器是由上唇、上颚、舌、下颚、下唇组成的。蝗虫有着坚硬的的上颚，非常适于咀嚼，这种口器又叫做咀嚼式口器。

蝗虫的听觉器官主要是位于腹部第一节两侧的一对半月形的薄膜。在蝗虫身体的左右两侧排列得很整齐的一行小孔，这就是蝗虫的气门。蝗虫共有10对气门，分别排列于从中胸到腹部第8节两侧，每个气门都向内连通着气管。气门是气体出入蝗虫身体的门户，在蝗虫体内有着大大小小纵横相连的气管，气管一再分支，与蝗虫的各个细胞发生联系，从而进行呼吸作用。

蝗虫的一生比较复杂，要经过卵、若虫、成虫三个时期。每年夏、秋季节蝗虫就进入繁殖期，交尾后的雌蝗虫把产卵管插入10厘米深的土中，产下约50粒的卵。如果气温保持在24℃左右，21天后卵开始孵化。孵化的若虫身体较小，没有翅膀，从土中匍匐而出，跳跃行走，所以叫做"跳蝻"。跳蝻的形态和生活习性与成虫很像，待它们长到受外骨骼的限制不能再长时，开始蜕皮，脱掉原来的外骨骼。它们的一生要经历五次蜕皮的过程。到第三次蜕

皮后，开始长出翅芽。第五次蜕皮完成后，它们便爬到植物上，身体悬垂而下，静静地等待一段时间，就变成真正能够飞行的蝗虫了。

蝗虫特别善于跳跃，是个跳跃专家，跳跃时主要依靠强大发达的后足。除了跳跃之外，蝗虫还具有惊人的飞翔能力，借助它们的后翅可连续飞行两天左右。当一群蝗虫飞过时，振翅的声音就像海洋中的暴风呼啸一样令人震惊。静止时前翅覆盖在后翅上，起到保护作用。

蝗虫是影响农作物生长的主要害虫，在野外草丛中，人们常常能看到它们大口啃食叶片的画面。尤其在严重干旱时，它们会大量爆发，造成灾害。2004年，成群的蝗虫吞噬了毛里塔尼亚首都努瓦克肖特城内的植被，连一座足球场的草坪也未能幸免。据了解，1988年，这个国家的28个省都遭到了蝗虫的侵害，导致3亿美元的损失。自1988年发生大面积的"蝗灾"以来，成群结队的蝗虫几乎每年都会对这个贫瘠国家的农业构成严重威胁。

随着现代科技水平的提高，这种由飞蝗引起的灾难虽然逐渐得到了遏制，但在很多弱小贫穷的国家，蝗虫仍然横行无忌，不断造成当地重大的损失，就连一些科学家也都苦无对策。

草原之蝗——草蛉

中文名：草蛉
英文名：chrysopa perla
别称：草蜻蛉、草蜻蛉
分布区域：世界各地

　　草蛉的外形很像蜻蜓，其体型为中等大小，身体细长，柔弱，全身主要为绿色、黄色或灰白色，多数种类为翠绿色，具有金属或铜色复眼。它的触角细长，呈长丝状，薄翅如纱、透明，十分宽大，前后翅的形状和脉相非常相似，翅脉呈绿色或黄色。

　　草蛉常飞翔于草木之间，以捕蚜虫等为食。在它们的前胸有一对臭腺。它们白天不进行求婚和交配，这些活动都是在夜晚进行。

　　草蛉一生中有卵、幼虫、蛹和成虫4种不同的形态。在卵期和蛹期的草蛉不能取食，捕食主要是在幼虫和成虫时期，其中尤以幼虫期捕食量大。

　　草蛉在产卵时，先选好一个合适的叶片，然后将腹部末端的产卵器放在叶片的表面，从一个芝麻粒大小的腺体内排出黏的胶状物质，一边排一边将腹端部抬起，拉出一根丝。当这根以蛋白质为主的黏丝遇空气变硬之后，再在丝端产下一粒卵，使之与丝相黏并将卵高高举起，或倒挂在树叶上。接着，它会稍微挪动一下腹部，再产下一粒卵。

　　为了使子女出世后马上就能有充足可口的食物，雌草蛉还要把自己的卵产在蚜虫最多的植株上。但是，蚜虫多的植株上蚂蚁也多，因为蚂蚁喜欢吃蚜虫的排泄物——蜜露。因此，草蛉这种独特的产卵方式就达到了避免蚜虫的天敌和蚂蚁将卵吃掉，以及孵化出来的幼虫们互相蚕食的目的。

雌雄草蛉相遇后，都显得异常的兴奋和亲热。它们首先相互对视，当双方都觉得比较合意时，便双双飞到附近的植物枝叶上，开始了它们甜蜜的恋爱生活。雌草蛉和雄草蛉都兴奋地使两对翅不停地发出快速的振动，大约2分钟后便向对方爬去，爬到一起后就开始嘴对着嘴互相亲吻，并且在亲吻时相互口吐泡沫，显得十分亲热。而这种互换白沫的现象，被人们称之为"交哺"。交哺是草蛉在交配之前一段相互热恋的过程中发生的行为，交哺过程大约需要1分钟左右，只有经过这一过程才能达到婚配。这种奇特的现象在昆虫界，乃至动物界都是很少见的。然后，草蛉便进行真正的交配，这个过程也只有1~2分钟。因此，草蛉从"恋爱"到"结婚"的整个过程也就是4~5分钟的时间。每只雌草蛉只交配1次，并把获得的精子贮存在体内的贮精囊内，这样就保证了它能够产下受精卵。

草蛉的幼虫叫做蚜狮，跟成虫一样，也是捕食性，特别喜欢捕食水稻、稀花、蔬菜、果树、森林上的蚜虫等很多种农业害虫的卵和幼虫。蚜狮十分活跃，捕食凶猛，虽然没有翅，不能随意飞翔，但却能不停地在植物上爬行，

四处寻找猎物。一旦发现蚜虫，它们就张开上下颚，低头猛冲过去，用下颚将蚜虫夹起。它们的下颚结构特殊，有两个中空的大刺。当蚜狮捕获到猎物时，就用这两个刺将蚜虫高高地夹起，深深地刺入蚜虫体内，再用它们吸管般的猎食工具将蚜虫的汁液吸干。这样，用不了几秒钟，刚才还在贪婪地吸取树的枝液的又肥又大的蚜虫，顷刻之间就变成了一团褶皮。更有趣的是，有些草蛉每当把蚜虫吃尽吸光后，还把它们吸空的蚜虫外壳背在背上，四处行走。

蚜狮每天的进食量都很大，平均一天可以吸食100多只蚜虫。因此，它们是生物防治中很有利用前途的一类昆虫天敌，不仅要加以保护，而且要进行深入的研究，然后把它们应用到生产实践中去。

大刀武士——螳螂

中文名：螳螂

英文名：mantis

别称：刀螂

分布区域：除极地外，广布世界各地，尤以热带地区种类最为丰富

　　螳螂是习惯于静静地埋伏着对猎物进行突然袭击的食肉昆虫，它的身体构造干这个正合适：大大的复眼、咀嚼式口器、三角形的头部在狭长的前胸顶部能自由旋转。螳螂前胸的附肢像钩子一样，被一排刺武装起来，具有抓取的功能，好似齿夹式捕捉器，猎物一旦被捉住，逃生的机会就很渺茫。

　　所有的螳螂都是肉食性动物，主要捕食其他昆虫，包括自己的同类。年轻的螳螂自相残杀的情况很常见，但它们都是独行侠，有可能那些被观察到的它们同类相残的现象只有部分可靠性。对于会守护卵鞘的种类来说，雌性螳螂在自己的后代们从卵中孵化的时候不会去攻击它们。人们还不清楚是不是在这个时期螳螂母亲的食肉本能完全被"切断"了，还是它能够把自己的后代和其他潜在的猎物区别开来。

　　除了有敏锐的视觉和强大的进攻性武器之外，大多数螳螂都有与植物颜色相似的隐匿性保护色。利用这种保护色，它们能在暗中守候猎物。在非洲的干旱季节，许多绿色的螳螂体色会根据所处的环境变为棕色。非洲和澳大利亚的有些螳螂种类，这种顺应环境的变色有时非常突然，比如经常发生的林区大火把地面变得一片焦黑之后，当地的螳螂会让自己的体色变得与周围

的环境非常匹配，并且保持多日。

　　螳螂不仅仅只是保护色的变化，它们还能把自己变成环境的一部分，而且是活动的。有些螳螂能把自己变成草尖或绿油油的树叶，有些甚至能够惟妙惟肖地模仿一片死树叶，令人叹为观止。在非洲和马达加斯加的鬼螳螂在进行这种伪装的时候，你简直就无法把它和一片破破烂烂的枯树叶子区分开，这其实是它把身体倒转过来守候猎物的姿势。许多枝形螳螂会把前肢向前伸长，头向下低，摆在两前肢之间，保持一个树枝的造型；非洲有些螳螂的前基节上甚至长有一个V形凹口，正好可以把脑袋放进去。许多热带的螳螂还能以相当高的逼真度模仿花朵，非洲巨眼螳螂的若虫最擅长这个，它们选定了要模仿的花朵后，能一连好多天随花朵变化体色，如粉红色、黄色或白色。如果把它们放在植物的茎上，看起来就好像这棵植物长出来的花，要是某只前来采蜜的昆虫上了当，通常就是有去无回。

　　在非洲和亚洲北部沙漠地区栖息的方额螳螂科成员，是无翅的伏兵，能惟妙惟肖地模仿石头，除非它们在动，否则很难发觉。

　　螳螂在埋伏的时候会保持一动不动的姿势，或轻轻地摇摆身体，好像什么东西在随风摆动似的，前肢举在胸前，模样看上去像是在做祷告，因此有人称它们是"祈祷的螳螂"。如果此时恰好有猎物经过，它的脑袋和前胸会跟随目标缓慢移动（螳螂对静止的昆虫通常不予理睬，即使经过它们面前，螳螂也会自顾自地走过去）。一旦目标进入捕捉范围，螳螂生满刺的前肢会猛地伸出去抓住猎物。有些螳螂对移动的物体非常敏感，能在空中抓住飞行中的苍蝇或其他昆虫。被螳螂钳子般的前肢攫住的猎物，会立即被送进口中。猎物被螳螂的前肢抓得如此之牢，根本没有逃生的机会。于是螳螂开始一点一点地随意啃吃还活着的猎物那肥嫩的身体，直到最后把它消灭为止。

螳螂不仅是厉害的捕猎者，还能与敌人（如鸟类、蜥蜴和食虫的哺乳动物等）对抗。一旦发觉敌情，螳螂会使用多种防御策略，比如飞快地逃走或者飞走；有的会把身体直立起来，把前肢向后方举高，展示前肢内侧的鲜艳色彩；有的则会猛地展开后翅，露出翅膀上或腹部顶端鲜艳的色彩和眼状斑纹。如果与敌人的距离太近，它们会突然发动攻击，其长满刺的前肢会给敌人带来痛苦的伤痕。如果是对付体型巨大的敌人，比如人类，它们不会使用色彩防御策略。这种策略只适合对付比较小和较容易应付的敌人，比如鸟类、猴子

或蜥蜴等动物。

　　一旦遭擒，螳螂会把前肢向后弯曲覆在前胸，利用前肢上的刺来使敌人放开自己，但这也会导致敌人以一种更小心翼翼的方式抓牢它。为了逃生，螳螂也会采用丢弃后肢的策略。这种自割行为是通过附肢基部的肌肉收缩实现的，但行抓取功能的前肢不会出现这种情况。对螳螂来说，失去了前肢意味着很快会饿死。如果自割时螳螂尚幼，失去的附肢会很快再长出来。

狠如恶狼——狼蛛

中文名：狼蛛

英文名：tarantula

分布区域：世界各地

蜘蛛的种类繁多，分布广泛，适应性强，水、陆、空都有它们的踪迹。在这个庞大的蜘蛛家族中，有一类蜘蛛不但身上长着狼一样的毛，还能像狼一样捕猎食物，享有"冷面杀手"的称号，它就是狼蛛。

狼蛛在北美洲有125种，欧洲约50种，属中小型，最大的长约3厘米，步足也同样长。它们的体色多变，从浅灰色到暗褐色，并有条带、白毛和黑点等斑纹。头部通常狭窄，前面两对足上有很多坚硬的刺。狼蛛有4只大眼，后边的两只朝向侧面，前边相邻的两只朝向前方。除此之外，它还有4只小眼。

狼蛛的视力非常好，能有效地进行捕猎，常在夜间沿着地面或在落叶内搜寻猎物。狼蛛对食物的要求很高，每天都要吃新鲜的食物。它们像凶残的屠夫一样，一捉到猎物就将对方活活地杀死，并当场吃掉。

有的狼蛛毒性很大，它的毒素是一种相当厉害的暗器，能毒死一只麻雀。麻雀受伤后，伤口很快会变成紫色。不过，麻雀不会感到痛苦，直到两天后，毒性发作，麻雀的羽毛开始零乱，身体缩成一个小球，偶尔发出一阵痉挛，最后死去。

狼蛛非常警惕，并不是见了猎物就上去捕捉。特别是面对强大对手的时候，它们一般都会守在安全的洞里，直到找到一个最好的机会和最佳的袭击方位，才会冲出去，否则绝不用自己的生命去冒险。

　　雄狼蛛在求偶时会非常小心，百般讨好雌蛛。它要先纺织一个小的情网，把精液撒在上面，然后用脚须捞取精液，含情脉脉地靠近雌蛛。并在靠近之前不断地挥舞脚须，试探雌蛛的反应。如果雌蛛伏着不动，雄蛛才能靠近与之交配，用脚须把精液送进雌蛛的受精囊中。一旦交配完成，它就会被凶残的雌蛛吃掉。

　　虽然雌狼蛛嗜杀成性，但却是一个好母亲。为了防风避雨，它在产卵前会先用蛛丝铺设产褥，产卵后再用蛛丝覆盖。为了防止意外，它干脆把卵囊带在腹部下面，用长长的步足夹着它随身带走。即使在小狼蛛出世后，雌蛛仍然爱护有加。直到幼蛛第二次蜕皮后，雌蛛才肯放心地让它们离开自己，各自谋生。

　　在众多的蜘蛛中，狼蛛的毒性虽然不是最大的，但是也足够让一些小动物们毙命。关于狼蛛的毒性，意大利人有一个传说。狼蛛的刺能使人痉挛而疯狂地跳舞，而治疗这种病的唯一妙药是音乐，而且只有固定的几首曲子才能奏效。这虽然只是一个传说，但是也有人认为这种说法有一定的道理。狼蛛的刺也许能刺激神经而使人失去常态，只有音乐能使他们镇定，剧烈的跳舞能使人出汗，从而把毒驱赶出人体。

草原功臣——蜣螂

中文名：蜣螂
英文名：dung beetle
别称：屎壳螂
分布区域：世界各地

在广阔的牧区草原上，每当牛马群经过以后，到处都留下一堆堆的粪便，盖住了绿色草地，或是污染了道路，使人恶心和讨厌。但是，一夜过后，第二天再到这里，往往只剩下一些零星的粪渣，那些牲畜粪便到哪里去了呢？

如果仔细观察，就会发现地下有许多大小不等的洞穴，有时还可看到身披黑甲的"武士"，这原来就是辛勤清除粪便的清洁工——蜣螂。有人叫逐臭之夫、铁甲将军、夜游将军，欧洲人称之为西赛福斯——一个希腊神话中被罚推巨石上山的苦命人。

蜣螂在全世界约有1.5万种。它们身体的大小差异很大，最大的几乎有3厘米，最小的则只有0.1~0.2厘米。它们有的能钻进粪内，将粪吃掉或是破坏粪的结构，叫内育型蜣螂，有趣的是它们"入臭粪而不染"，爬出粪堆时其背甲光亮如旧，展翅即飞；有的蜣螂在粪堆下或近旁挖掘坑道，然后将粪拖进洞内；还有的蜣螂将粪切成小块，滚成球形，推到1~15米远的地方埋藏起来。

蜣螂在"恋爱"时，雄蜣螂便在粪里切出一个大粪球来，当做"结婚的礼物"，招引雌蜣螂前来成婚。此后，雄蜣螂在前面拉，雌蜣螂倒栽葱似的用

后腿推。这个粪球便是它们"爱情"的象征，也是它们生儿育女的摇篮，这就是人们常说的"屎壳螂推粪球"。

它们齐心协力，能把比自己身体重几十倍，直径有它两个长的粪球，推过小土包，有时多次一同滚下"山"来，也在所不惜，毫不气馁。它们常常滚数十次才能翻过"山"包，找到一个合适的安乐窝。有的"新娘"很懒，只是紧紧地趴在粪球上，让"新郎"推。"新郎"对"新娘"的关怀则是无微不至的，推粪球时自己常在粪上面，暴露在外，埋粪球时，也把危险留给自己，它在上面推，雌的在下面挖，因为在上面往往容易变成鸟类的点心。它们把粪球埋入地下，交配后的雌蜣螂产卵于粪球中，才心安理得地离去，有时也把多余的粪球当做食粮。

在推粪球的过程中，有时，会遇到"强盗"拦路打劫，两只雄蜣螂便苦斗一场，"新娘"则爬在粪球上"观战"。若"强盗"胜利了，便取代了"新郎"，把粪球和新娘掠为己有，而"新娘"却无动于衷。

　　不同的蜣螂种类对粪便的要求是有区别的。它们从不"乱吃"，而是各有各的"口味"，有的专吃马粪，有的专吃羊粪，有的则只吃牛粪。它们分工协作，将草原上白天牲畜拉的粪便很快吃掉或转移到地下，不但清洁了草原，更重要的是加速了草原物质的循环，疏松了土壤，这是草原生态系统中不可缺少的环节。因此，蜣螂可以说是草原的功臣。

　　由于澳洲大陆原来没有牛羊，而有袋类动物很多，所以只有吃袋鼠粪的蜣螂，而缺少吃牛、羊粪便的蜣螂。从欧洲引入牛羊后，澳洲大陆多年来因草地到处是牲畜粪便，自然风化又很慢，几亿堆牛粪覆盖着数百万亩的草场，很不卫生，且影响牧草生长。为此，1978年，澳大利亚从我国进口了大批吃牛粪的蜣螂，让它们在那里大量繁殖，清洁了草原，收到了明显的效果。